工学结合·基于工作过程导向的项目化创新系列教材
国家示范性高等职业教育土建类"十二五"规划教材

U0303349

建筑CAD
项目化教程

（AutoCAD 2014）

JIANZHU
CAD XIANGMUHUA JIAOCHENG

主　审　徐锡权

主　编　张　喆　杨其建　王　芳

副主编　黎雪君　李玉良　张　革

　　　　张　明　党雯云　林英敏

参　编　武可娟　赵　军　代莎莎

华中科技大学出版社
http://www.hustp.com
中国·武汉

内 容 简 介

　　本书在编写过程中以培养应用型技能人才为出发点，突出创新精神和实践能力的培养，以建筑业岗位的工作需要为依托，以培养学生能力、增强实训技能为目标，力求做到岗位工作内容与课程内容有机结合，并以模块化教学的方式组织教材的编写，系统全面地介绍了 AutoCAD 2014、天正建筑 2014 和中望 CAD 的使用方法，既强化使用技能，又注重培养岗位工作能力。

　　全书由 9 个教学模块组成，包括 AutoCAD 2014 入门、建筑平面图的绘制、建筑立面图的绘制、建筑剖面图的绘制、建筑详图的绘制、图形的输出打印、简单三维实体造型、天正建筑软件基本功能简介和中望 CAD 软件简介等内容。为了方便读者的学习，书中还配有拓展习题和试题。

　　本书的内容针对性强、有很高的实用性，突出高职高专特色。本书可作为高职高专、成人高校及本科院校举办的二级职业技术学院的土建类建筑工程技术专业的专业基础课程教材，也可作为各高校土建类相关专业的课程教材参考使用。

　　本书根据高职高专院校土建类专业的人才培养目标、教学计划和课程的教学特点和要求，并以最新的软件版本为依据编写而成，以工程图纸包含软件命令为切入口，将知识重新构建，增强学生的职业能力，激发学生的学习兴趣，具有实用性、系统性和先进性的特点。同时，为了方便教学，本书还配有电子课件等教学资源包，相关教师和学生可以登录"我们爱读书"网（www.ibook4us.com）免费注册下载，或者发邮件至 husttujian@163.com 免费索取。

图书在版编目（CIP）数据

建筑 CAD 项目化教程：AutoCAD 2014/张喆，杨其建，王芳主编. —武汉：华中科技大学出版社，2014.12
ISBN 978-7-5609-9809-1

Ⅰ.①建… Ⅱ.①张… ②杨… ③王… Ⅲ.①建筑设计-计算机辅助设计-AutoCAD 软件-高等职业教育-教材 Ⅳ.TU201.4

中国版本图书馆 CIP 数据核字（2014）第 290000 号

建筑 CAD 项目化教程（AutoCAD 2014）　　　　　张　喆　杨其建　王　芳　主编

策划编辑：康　序
责任编辑：康　序
封面设计：原色设计
责任校对：马燕红
责任监印：朱　玢
出版发行：华中科技大学出版社（中国·武汉）　　　电话：（027）81321913
　　　　　武汉市东湖新技术开发区华工科技园　　　　邮编：430223
录　　排：武汉正风天下文化发展有限公司
印　　刷：武汉市籍缘印刷厂
开　　本：787mm×1092mm　1/16
印　　张：17.25
字　　数：407 千字
版　　次：2017 年 1 月第 1 版第 2 次印刷
定　　价：38.00 元

华中出版

前言

　　本书是按照"项目导向、任务驱动"的要求编写而成的项目化教材。根据高职高专土建类建筑工程技术专业教学的基本要求，科学地设计和选择项目，用一套工程图纸将软件命令组合，根据学生所需要的知识、能力和素质来设计教材的内容，以便于教师按照完成工程项目的流程来组织实施教学，使学生在完成项目的过程中掌握知识，达到人才培养目标的要求，从而满足高职高专培养技能型人才的需要。

　　本书按 64 学时编写，主要根据高职高专学生的认知特点和知识水平，由浅入深、按能力递进的方式选择工程项目，按工作任务的难易程度编排全书内容。全书由 9 个教学项目组成，包括 AutoCAD 2014 入门、建筑平面图的绘制、建筑立面图的绘制、建筑剖面图的绘制、建筑详图的绘制、图形的输出打印、简单三维实体造型、天正建筑软件基本功能简介和中望 CAD 软件简介等内容。全书的内容简洁扼要，实用性强，图文并茂，循序渐进，易学易懂；从实用的角度出发，注重讲、练结合，重视绘图的思路和技巧，多方面培养学生的绘图技能，突出高职高专教学的特色。

　　本书由日照职业技术学院张喆、天泰建筑公司杨其建、辽宁建筑职业学院王芳担任主编，由新疆石河子职业技术学院黎雪君、日照职业技术学院李玉良、新疆兵团 11 师职业技术学校张革、河南省南阳工业学校张明、临沂职业学院党雯云、湄洲湾职业技术学院林英敏担任副主编，由日照职业技术学院武可娟、赵军和代莎莎担任参编，由日照职业技术学院徐锡权教授主审。其中，张喆编写了模块 2 和模块 4，杨其建编写了附录 A，王芳编写附录 B，黎雪君编写了模块 6，李玉良编写了模块 3 和附录 C，张革编写了模块 7，张明编写了模块 1 和模块 5，党雯云编写了模块 8，林英敏编写了模块 9。武可娟、赵军、代莎莎为本书的编写提供了不少素材，最后由张喆对全书进行统稿。

　　为了方便教学，本书还配有电子课件等教学资源包，相关教师和学生可以登录"我们爱读书"网(www.ibook4us.com)免费注册下载，或者发邮件至 husttujian@163.com 免费索取。

　　由于编者水平有限，书中的错误之处在所难免，恳请各位同仁和广大读者提出宝贵的意见，以便我们改进和完善，深表谢意。

编　者

2016 年 11 月

目录

模块 1

AutoCAD 2014 入门

学习目标

学习目标

☆ 模块任务

软件的安装和绘图环境的设置。

☆ 专业能力

通过学习使学生掌握软件的安装方法,熟悉软件的工作界面,掌握坐标系的使用。

☆ 专业知识点

(1)标题栏;(2)下拉菜单栏;(3)工具栏;(4)状态栏;(5)功能按钮;(6)世界坐标系;(7)用户坐标系;(8)点坐标:绝对直角坐标、绝对极坐标、相对直角坐标和相对极坐标。

 **AutoCAD 2014 基础知识**

1.1 AutoCAD 概述

AutoCAD(auto computer aided design)是 Autodesk 公司于 1982 年开发的计算机辅助设计软件，用于二维绘图、详细绘制和设计文档，以及基本的三维设计，现已经成为国际上广泛使用的绘图工具。AutoCAD 具有良好的用户界面，通过交互菜单或命令行方式便可以进行各种操作。它的多文档设计环境，使非计算机专业人员也能很快地学会使用。使用者可以在不断实践的过程中更好地掌握它的各种应用和开发技巧，从而不断提高工作效率。AutoCAD 具有广泛的适应性，已应用于土木建筑、装饰装潢、城市规划、园林设计、电子电路、机械设计、服装鞋帽、航空航天、轻工化工等诸多领域，它可以在各种操作系统支持的微型计算机和工作站上运行。

1.2 AutoCAD 2014 新特性

AutoCAD 2014 最大的改进是新增了连接功能，有利于推动项目合作者之间的协作，加快日常工作流程。同时其新增的实景地图功能，可将用户的设计理念运用到真实的环境，能让用户更早和更精确地感受到真实的设计效果。具体介绍如下。

1. 增强连接性，提高合作设计效率

在 AutoCAD 2014 中集成有类似 QQ 一样的通信工具，可以在设计时，通过网络交互的方式与项目合作者分享资源，加快开发速度。

2. 支持 Windows 8 操作系统

用户不用担心 Windows 8 操作系统是否支持 AutoCAD，最新的 AutoCAD 2014 能够在 Windows 8 操作系统中完美运行，并且增加了部分触屏的特性。

3. 动态地图，现实场景中建模

可以将使用者的设计与实景地图相结合，在现实场景中建模，以便更精确地预览设计效果。

4. 新增文件选项卡

与 Office Tab 所实现的功能一样，Auto CAD 在 2014 版本中，增加了此功能，能更方便用户在不同的设计中进行切换。

1.3 AutoCAD 2014 的启动

AutoCAD 2014 启动的方式有如下几种。

1. 使用桌面快捷方式启动

AutoCAD 2014 中文版在安装完后，将自动在电脑桌面上建立"AutoCAD 2014-简体中文（Simplified Chinese）"的快捷图标，如图 1-1 所示。

2. 使用菜单命令启动

选择"开始"→"程序"→"Autodesk"→"AutoCAD 2014 简体中文（Simplified Chinese)"→"AutoCAD 2014 简体中文（Simplified Chinese）"命令，启动 AutoCAD 2014 中文版，如图 1-2 所示。

图 1-1 快捷图标

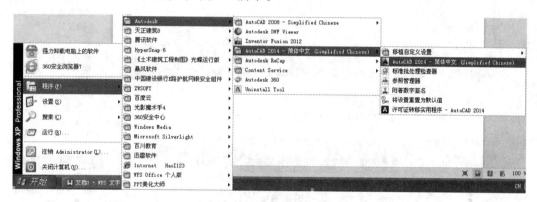

图 1-2 启动 AutoCAD 2014 中文版

1.4 AutoCAD 2014 的工作界面

启动 AutoCAD 2014 后，进入如图 1-3 所示的经典工作界面，AutoCAD 2014 的绘图界面由标题栏、下拉菜单栏、工具栏（绘图工具栏和修改工具栏）、绘图区、命令行、状态栏和功能按钮等组成。

1. 标题栏

标题栏位于界面顶部，用于显示当前图形正在运行的程序名称及当前载入的图形文件名。如果图形文件还未命名，AutoCAD 将默认图形文件名称为"Drawing1. dwg"，随着命名文件的增加，默认文件名称中的数字依次显示为"Drawing2. dwg、Drawing3. dwg ……"。

2. 下拉菜单栏

AutoCAD 2014 启动后，默认为"草图和注释"工作空间时，菜单栏是隐藏的，单击如图 1-4 所示的 ▼ 按钮时，会弹出下拉菜单栏的快捷菜单。

3. 工具栏

工具栏是由一系列图标按钮组成的，每个图标按钮形象地表示了一条 AutoCAD 命令。

在 AutoCAD 经典工作空间中,在绘图区左右两侧已经显示了经常用到的工具(绘图工具栏和修改工具栏),用户想选择想要的工具栏,可以直接右击某个工具栏,弹出如图 1-5 所示的快捷菜单。工具栏前有"✓",表示该工具栏已经在界面中显示。灵活使用这些工具栏,可以大大节省用户绘图的时间,因此,熟悉掌握各个工具栏的功能及其用法是非常重要的。

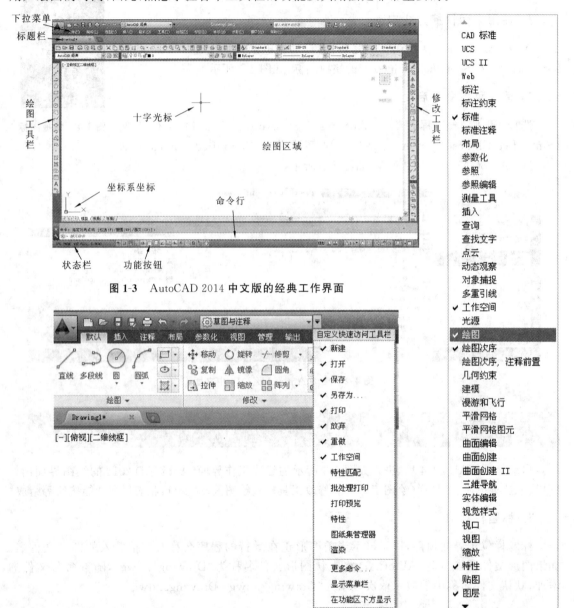

图 1-3 AutoCAD 2014 中文版的经典工作界面

图 1-4 菜单栏的设置

图 1-5 工具栏的设置

用户可以像处理其他窗口一样对工具栏进行打开、关闭、移动或改变命令按钮排列方式等操作。如果想关闭某一工具栏,可首先将其从图形窗口的中上部、左端或右端移至界面的中间。此时,该工具栏变为浮动工具栏,如图 1-6 所示,它的顶部显示此工具栏的名称。用户单击其右上角的×按钮就可关闭。要移动工具栏,直接按住鼠标左键拖曳工具栏到预定位置即可。

图 1-6 "标注"浮动工具栏

4. 绘图区域

绘图区域是用户进行绘图设计的工作区域,界面中央最大的空白区域是绘图区域。在公制单位下,绘图区域的默认显示范围为 A3 图纸幅面的大小,即 420mm×297mm,利用 AutoCAD 的视窗缩放功能可以使显示的绘图区域增大或缩小。视窗的右边和下边分别有两个滚动条,可使视窗上下或左右移动,便于观察。

用户可以在此区域完成所有的绘图任务,如绘制、编辑和显示图形对象等。不过系统提供的是一张虚拟图纸,它与实际的图纸还是有一定区别的,具体表现在以下几点。

(1) 绘图区域理论上是无穷大的,绘图区域的尺寸可以根据需要随时调整。

(2) 可以分层进行操作,最终的图纸是不同的图层叠加在一起的结果。

(3) 强调相对大小的概念,计算单位对工作区域来说不起作用。

(4) 利用视窗缩放功能,可使绘图区域无限增大或缩小,所以无论多大的图形都可以置于其中。

绘图区域的左下方有一个坐标系图标,它表示当前绘图所采用的坐标系,并指明 X、Y 轴的方向。软件默认的设置是世界坐标系的笛卡直角坐标系。用户可以通过变更坐标原点和坐标轴的方向建立自己的坐标系。

绘图区域的下部有三个标签:模型、布局1和布局2,它们用于模型空间和图纸空间的切换。一般情况下,用户在模型空间绘制图形后,可转至布局空间进行输出。

5. 命令行

命令行是 AutoCAD 所具有的一项独特的功能,是 AutoCAD 用于提高效率的灵活工具。命令行是提供给用户通过键盘输入命令、参数等信息的地方,用户通过菜单和功能按钮执行的命令也会在命令行中显示。

命令历史窗口是不显示的,可按 F2 键在历史窗口和绘图窗口间切换。

命令行在工作界面的下方,它是一个命令的输入窗口,默认状态下显示 2 行命令文字,如图1-7 所示。用户使用键盘输入命令字符,按回车键(或空格键)后即执行输入的命令。

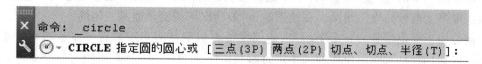

图 1-7 命令行窗口

在命令行输入命令后,命令行中将出现下一步的操作提示或操作选项,以提示绘图者进行下一步的操作。

例如,在"命令:"后输入"circle",按回车键后,将出现以下提示。

指定圆的圆心或 [三点(3P)/两点(2P)/相切、相切、半径(T)]:

按上述提示可以采取如下两种操作。

（1）通过输入 X、Y 坐标值或通过单击鼠标在屏幕上选定某一点来指定圆心。

（2）输入方括号中某一个选项后面的代码来执行括号中的选项命令。例如，要选择三点选项（3P），即在命令行中输入 3P 后，按回车键即可。这时命令行继续提示下一步的操作，如下所示。

    指定圆上的第一个点：

这种操作命令提示贯穿整个操作过程。

6. 状态栏

状态栏用于显示当前的绘图状态，状态栏上的快捷菜单用于对图形对象的属性进行快速编辑，如图 1-8 所示。状态栏的左侧为坐标显示，用于动态显示当前十字光标的坐标值。状态栏的中间是常用的绘图功能按钮，包括"捕捉"、"栅格"、"正交"、"极轴"、"对象捕捉"、"对象追踪"、"DUCS"、"DYN"、"线宽"和"模型"等十个功能按钮，点击某按钮即可打开或关闭该状态下的操作功能。状态栏的右侧有"模型"、"快速查看布局"、"快速查看图形"等按钮。

坐标显示   绘图功能按钮   模型空间

图 1-8　状态栏

7. 功能按钮

为了提高绘图的效率和精确度，AutoCAD 提供了功能强大的绘图辅助工具，具体介绍如下。

1）推断约束

启用 AutoCAD 2014 的"推断约束"模式，会自动在正在创建或编辑的对象与对象捕捉的关联对象或点之间应用约束。与 AUTOCONSTRAIN 命令相似，约束也只在对象符合约束条件时才会应用。推断约束后不会重新定位对象。

2）捕捉模式和栅格显示

捕捉即捕捉栅格点，打开捕捉功能，不管栅格是否显示，光标都将捕捉栅格点。利用栅格捕捉可以对齐图形对象，但是如果在命令行中有坐标值或距离值等的输入，系统将优先处理键盘命令。

单击状态栏中的"捕捉"按钮或按 F9 键，可以打开或关闭捕捉功能。注意打开捕捉功能时光标会在屏幕上的栅格点间跳动。在绘图时，一般情况下捕捉功能是关闭的。

栅格是用于标定位置的一个个小点，使用栅格类似于在图形下放置一张设置好的坐标纸。绘图时可以利用栅格对图形位置和大小进行参照。

单击状态栏中的"栅格"按钮或按 F7 键可以打开或关闭栅格显示。打开栅格显示时，在指定的屏幕区域内就出现栅格点；关闭栅格显示后，栅格点消失。不管屏幕中栅格是否显示，图纸打印时都不会出现栅格。

右击状态栏中的"栅格"或"捕捉"按钮，在弹出的快捷菜单中选择"设置"选项（见图 1-9），打开如图 1-10 所示的"草图设置"对话框，在该对话框中可以对栅格间距和捕捉的间距等选项进行设置。

3）正交模式和极轴追踪

正交和极轴是 AutoCAD 提供的类似于丁字尺与三角尺的绘图工具,它们都是为了绘制一定的角度线而设计的工具。其中,极轴比正交的功能更多,在绘图时二者不能同时打开,一般情况下是将极轴打开。

单击状态栏中的"正交"按钮或按 F8 键,可以打开或关闭正交模式。正交模式打开时,强制光标只能沿水平和竖直方向移动,这时通过鼠标操作只能绘制水平线和竖直线。

单击状态栏中的"极轴"按钮或按 F10 键,可以打开或关闭极轴模式。极轴模式打开时,光标追踪用户设置的极轴角度,这样可以利用极轴追踪功能绘制各种倾斜角度的直线。

但是,键盘输入命令"定点"和"对象捕捉定点"都不受正交和极轴模式是否打开的限制。

右击"极轴"模式按钮,将弹出如图 1-9 所示的右键快捷菜单,在快捷菜单中选择"设置"命令,立即弹出如图 1-11 所示的"草图设置"对话框,在该对话框中可以对极轴追踪的各选项进行设置。

在"极轴角设置"栏中,如果在"增量角(I)"列表框中选择或输入一个角度值,则打开极轴模式时,0°和所有的增量角的倍数角都会被追踪到。选中"附加角(D)"复选框,单击"新建(N)"按钮,输入附加角度值,则输入的附加角就会被追踪到,但不会追踪附加角的倍数角,可以在其中设置多个附加角角度值。同时,可以在其中根据作图需要在对话框中进行相应的设置。例如:增量角设置为 30,则可以画出 30°、60°、90°、120°、150°、180°、210°等 30°倍角的直线。

在"对象捕捉追踪设置"栏中,"仅正交追踪(L)"选项表示当对象追踪打开时,仅显示已有对象捕捉点的正交追踪路径;"用所有极轴角设置追踪(S)"选项表示如果对象追踪打开时,光标将沿对象捕捉点的任何极轴角的追踪路径进行追踪。

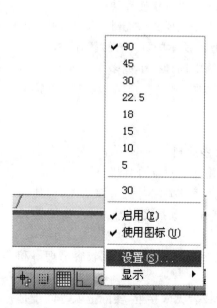

图 1-9 "极轴"按钮的右键菜单

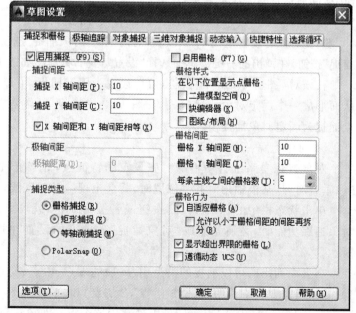

图 1-10 设置"捕捉和栅格"选项卡

4）对象捕捉

对象捕捉就是系统自动找到图形对象的特征点并显示该点的位置标记。

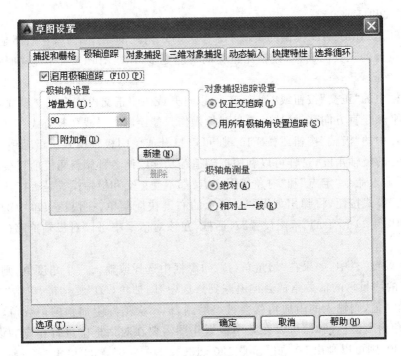

图1-11　设置"极轴追踪"选项卡

在绘图过程中，有时需要在已绘制的图形对象中找一些特殊的点，如圆或圆弧的圆心以及线段的端点、交点、中点、垂足点等，这些点称为图形对象的特征点。使用对象捕捉功能可以迅速、准确地定位对象上的特征点。

单击状态栏中的"对象捕捉"按钮或者按F3键，可以打开或关闭对象捕捉功能。

捕捉对象的设置是在"草图设置"对话框的"对象捕捉"选项卡中完成的，右击状态栏中的"对象捕捉"按钮，在弹出的右键菜单中选择"设置"选项，将弹出如图1-12所示的"草图设置"对话框。

在该对话框中有13个特征点可以设置为固定捕捉，可以从中选择一个或多个特征点捕捉，从而形成一个固定对象捕捉模式，如图1-12中选择了"端点"、"圆心"、"交点"、"延伸"4个特征点捕捉为固定对象捕捉模式。

5）对象追踪

对象追踪是系统自动追踪对齐设定的特征点，即当光标移动到与某个特征点处于水平对齐、垂直对齐、某极轴角对齐等位置时，就会出现一条对齐线，并显示相应的追踪参数。

单击状态栏中的"对象追踪"按钮或者按F11键，就可以打开或关闭对象追踪功能，但使用对象追踪功能时，必须先完成"对象捕捉"选项卡的设置并打开对象捕捉功能才行，如图1-13所示。

在上面列出的可以捕捉的类型中，一般的端点、中点、交点、圆心、垂足等都比较容易理解和操作，这里需要特别说明的是"最近点"、"切点"和"平行"。

在AutoCAD中，"最近点"可以理解为这个点与对象最近或者无限接近，实际上就等同于是对象上的任意点，利用这个功能可以确定找到的点是直线上的点，如图1-14(a)所示。对于"最近点"，初学者的理解一般都有误会，认为将会捕捉到距离某个对象最近的一个点。比如，由一个点向一条直线或圆弧画一条距离最近的线，可能会想到使用最近点，但是实际操作起来并不

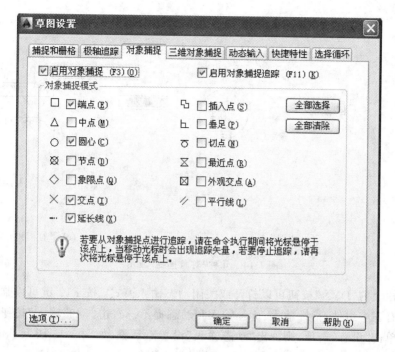

图 1-12　设置"对象捕捉"选项卡

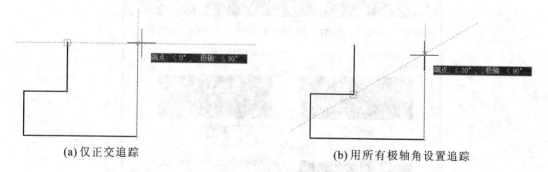

(a) 仅正交追踪　　　　　　　　　　　　(b) 用所有极轴角设置追踪

图 1-13　对象追踪的设置

能得到预期的结果。

对于"切点",在几何学中切点的应用很多,也比较容易理解。在绘制圆、椭圆等的切线的时候,应用"切点"捕捉很简单,因为这时切点为递延切点,可以自动捕捉,如图 1-14(b)所示。

对于"平行",一般在绘制平行于某直线对象的直线时才会使用到它,但是初学者在应用的时候往往不得要领。正确的方法是,选中了直线的第一点后,再选中第二点时选取捕捉平行线,当出现平行线的捕捉标记,再回到与要平行的对象接近平行的位置时,AutoCAD 会弹出一条平行的追踪线,下一点只要落到这条追踪线上就可以成功地绘制出平行线,如图 1-14(c)所示。

6) 动态输入

启用动态输入功能时,工具栏提示将在光标附近显示相关信息,并且该信息会随着光标的移动而动态更新。当对某条命令启用动态输入功能时,工具栏提示将为用户提供输入的位置信息。

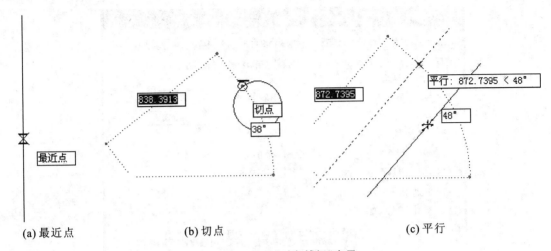

图 1-14　几种"对象捕捉"应用

单击状态栏上的"DYN"按钮可以打开或关闭动态输入模式，按 F12 键可以临时将其关闭。动态输入模式有三个组件：指针输入、标注输入和动态提示。右击"动态输入"按钮，在弹出的右键快捷菜单中单击"设置"选项，则弹出"动态输入"设置对话框，如图 1-15 所示。可通过设置该对话框中的相关选项，来控制启用动态输入模式时每个组件中所显示的内容。

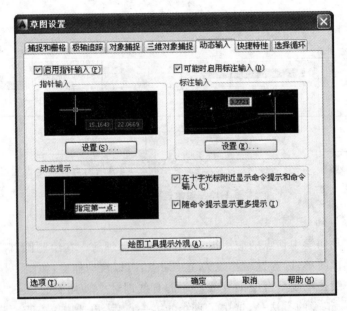

图 1-15　"动态输入"选项卡

（1）指针输入　启用指针输入组件，并且当有命令在执行时，光标的位置信息将在光标附近的工具栏提示中显示为坐标，如图 1-16 所示。此时可以在工具栏提示中输入坐标值，而不用在命令行中输入，按 Tab 键可以在工具栏提示之间进行切换。

（2）标注输入　启用标注输入组件，当命令提示输入第二点时，绘图界面中将显示距离和角度值，如图 1-17 所示。按 Tab 键可以切换到需要更改的值。标注输入组件可用于绘制直线、多段线、圆、圆弧、椭圆等。

启用标注输入组件，在输入框中输入数值并按 Tab 键后，该输入框中将会显示出一个锁定图标，同时光标会受输入值的约束。

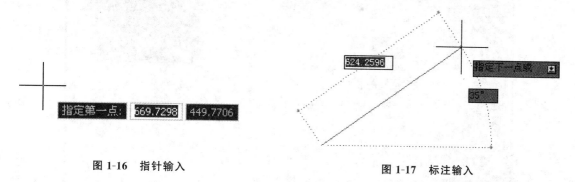

图 1-16　指针输入　　　　　　　　　　图 1-17　标注输入

（3）动态提示　启用动态提示组件，提示信息会显示在光标附近的工具栏提示中。用户可以在工具栏提示（而不是在命令行）中输入响应。按↓键可以查看和选择相应的选项，如图 1-18 所示，按↑键可以显示最近的输入值。

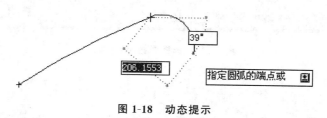

图 1-18　动态提示

7）显示/隐藏线宽

该功能用于确定是否显示线条宽度。单击"线宽"按钮可以打开或关闭线宽显示。在绘图时如果为图层和所绘图形设置了不同的线宽，启用该功能，可以在屏幕上显示线宽，以标识各种具有不同线宽的对象。

1.5　AutoCAD 2014 的图形文件管理

在 AutoCAD 中，图形文件管理操作命令包括新建、打开、保存、输出、文件加密和关闭。

1. 新建图形文件

打开 AutoCAD 界面时，系统就自动创建了一个新文件，单击工具栏上的 🗋 （新建）按钮或者选择"文件"→"新建"命令，将弹出如图 1-19 所示的"选择样板"对话框。

在"选择样板"对话框中，用户可以在样板列表框中选中某一个样板文件（初学者一般可选择样板文件 acadiso.dwt），这时在右侧的"预览"栏中将显示该样板的预览图像，单击"打开(O)"按钮，可以将选中的样板文件作为样板来创建新图形。样板文件中通常包含与绘图相关的一些通用设置，如图层、线型、文字样式等，利用样板创建新图形，不仅提高了绘图的效率，而且还保证了图形的一致性。

图 1-19　"选择样板"对话框

2. 打开图形

单击工具栏上的 📂（打开）按钮，或者选择"文件"→"打开"命令，将会弹出如图 1-20 所示的"选择文件"对话框。

图 1-20　"选择文件"对话框

在"选择文件"对话框的文件列表中,选择要打开的文件,在右侧的"预览"栏中将显示该文件的预览图像。在默认的情况下,打开的图形文件的格式都为".dwg"格式。

单击"打开(O)"按钮右侧的下拉菜单按钮,如图1-21所示。在弹出的下拉菜单中提供了"打开(O)"、"以只读方式打开(R)"、"局部打开(P)"、"以只读方式局部打开(T)"等4种方式打开图形文件。每种方式都对图形文件进行了不同的限制。如果以"打开(O)"和"局部打开(P)"方式打开图形时,可以对图形文件进行编辑。如果以"以只读方式打开(R)"和"以只读方式局部打开(T)"方式打开图形时,则无法对图形文件进行编辑。

图1-21　打开模式

3. 保存和输出图形文件

在完成创建和编辑图形文件后,可将当前的图形文件保存到指定的文件夹或者输出为其他格式的图形文件,以实现资源共享。

1) 保存图形文件

在使用AutoCAD绘图的过程中,应每隔10～15 min保存一次所绘的图形,执行这一操作不需要退出软件。定期保存绘制的图形是为了防止一些突发情况,如电源被切断、错误编辑和一些其他故障,尽可能做到防患于未然。

要保存正在编辑或者已经编辑好的图形文件,可直接在快捷工具栏中单击 ■ (保存)按钮或者使用Ctrl+S快捷键,即可保存当前文件。如果是第一次保存图形,将弹出如图1-22所示的"图形另存为"对话框。然后在该对话框中输入图形文件的名称,再单击"保存(S)"按钮,则该文件保存成功。

图1-22　"图形另存为"对话框

除了上述的保存方法之外,AutoCAD还为用户提供了另外一种保存方法,其设置方法为:选择"工具"→"选项"命令,在弹出的"选项"对话框中选择"打开和保存"选项卡,如图1-23所示。

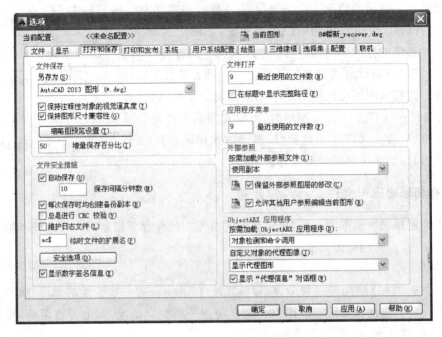

图 1-23 "选项"对话框

在该选项卡中选中"自动保存(U)"复选框,并在"保存间隔分钟数(M)"文本框中输入相应的数值。这样在以后的 AutoCAD 绘图过程中,将以该时间间隔自动对文件进行保存。

2）输出图形文件

如果用户要将 AutoCAD 图形对象保存为其他需要的文件格式以供其他软件调用,只需将对象以指定的文件格式输出即可。

选择"文件"→"输出"命令,在弹出的"图形另存为"对话框中确定输出文件名和文件类型,如图1-24所示,然后单击"保存(S)"按钮即可将图形保存为用户需要的文件格式和文件名。AutoCAD软件中包含了 dwt、dwg、dxf 和 dws 四种格式。一般情况下,"dwt"文件是标准的样板文件;"dwg"文件是普通的样板文件;"dws"文件是包含标准图层、线型、标注样式和文字样式的样板文件;"dxf"文件是 AutoCAD 生成的一种数据文件,其通用性较强,任何的制图软件都可以以导入的形式打开,也可以用不同的 AutoCAD 版本打开。

4. 文件加密

在 AutoCAD 2014 中,出于对图形文件安全的考虑,当需要对保存文件加密时可使用密码保护功能,对指定图形文件执行加密操作。

选择"文件"→"另存为"命令,弹出如图1-25所示的"图形另存为"对话框。然后在该对话框中选择"工具(L)"→"安全选项(S)"选项,将打开"安全选项"对话框,如图1-26所示。

在"安全选项"对话框中的"密码"选项卡中的文本框中输入密码,单击"确定"按钮即可完成文件加密的操作。为文件设置密码后,在打开加密文件时,要求用户输入正确的密码,否则将无法打开,这项功能对于需要保密的图纸非常重要。

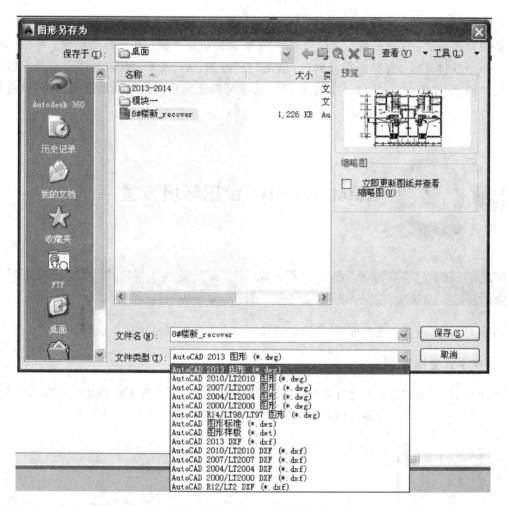

图 1-24 选择文件类型

图 1-25 "图形另存为"对话框

图 1-26 "安全选项"对话框

5. 关闭图形

关闭 AutoCAD 软件,可单击界面右上角的"关闭"按钮，或者使用 Ctrl＋C 快捷键,又或者选择"文件"→"退出"命令。

当用户想退出一个已经修改过的图形时，系统会提示是否保存对图形的修改。单击"是"按钮，AutoCAD 将退出并保存所做的修改；单击"否"按钮，AutoCAD 将退出并不保存所做的修改；单击"取消"按钮，AutoCAD 将取消退出。这样可以让用户再次确认自己的选择，以免丢失文件。

 **课题 2 AutoCAD 2014 绘图环境设置**

2.1 AutoCAD 2014 的坐标系

AutoCAD 采用笛卡儿坐标系、世界坐标系和用户坐标系三种坐标系绘图。

1. 笛卡儿坐标系

AutoCAD 可采用笛卡儿坐标系 CCS 来确定点的位置。任何的实体都是由三维的空间点所构成的，有了一个点的三维坐标值，就可以确定该点的空间位置，如图 1-27 所示。

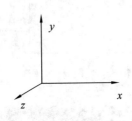

图 1-27　笛卡儿坐标系

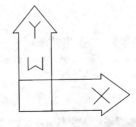

图 1-28　世界坐标系

2. 世界坐标系

进入 AutoCAD 后的默认坐标系是世界坐标系，由三个正交于原点的坐标轴 X、Y 和 Z 组成。坐标原点和坐标轴是固定的，不会随用户的操作而发生变化。

世界坐标系的坐标轴默认正方向如图 1-28 所示。其中，X 轴正方向水平向右，Y 轴正方向垂直向上，Z 轴正方向垂直于屏幕指向用户，坐标原点在绘图区左下角。系统默认的 Z 轴坐标值为零，如果用户不设定 Z 轴坐标值，绘出的图形为只能在 XY 平面上的图形。

3. 用户坐标系

AutoCAD 提供了能根据用户需要而变化的坐标系，在默认情况下，用户坐标系与世界坐标系相重合。在绘图过程中，AutoCAD 能根据需要以世界坐标系中的任何方向和位置定义用户坐标系。

2.2　点的表示方法及输入

1. 直角坐标

1）绝对直角坐标

输入点的(X、Y、Z)坐标值，在二维图形中，Z轴可省略。X轴坐标值向右为正，Y轴坐标值向上为正。当使用键盘键入点的X，Y坐标时，之间用逗号隔开，坐标值可以为负。

【例1-1】　当绘制直线AC时，只需输入点A(20,20)坐标和点C(30,20)坐标，即可完成直线AC的绘制，输入过程见图1-29所示，绘制完成的图如图1-31(a)所示。

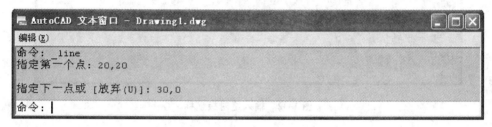

图1-29　输入绝对直角坐标

2）相对直角坐标

输入相对坐标，必须在坐标值前面加上"@"符号。例如："@10,20"是指该点相对于上一点，在X轴方向移动10，在Y轴方向移动20。

【例1-2】　当绘制直线AC时，点A坐标(20,20)和点C坐标(30,30)，输入过程如图1-30所示。绘制的直线AC如图1-31(b)所示。

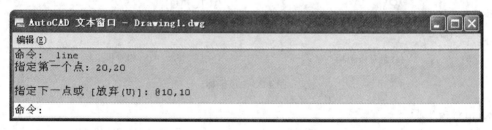

图1-30　输入相对直角坐标

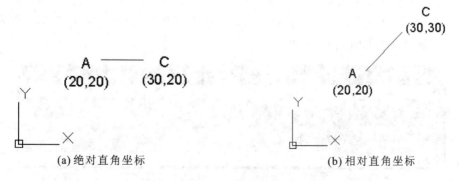

(a)绝对直角坐标　　　　　　　　　　　(b)相对直角坐标

图1-31　直角坐标

2. 极坐标

1) 绝对极坐标

在绝对极坐标中，给定距离和角度，并在距离和角度中间加一个"<"符号，规定"角度"的方向以逆时针方向为正方向，即 X 轴正向为 0°，Y 轴正向为 90°。

【例 1-3】 绘制直线 OC 时，O 点坐标(0,0)，C 点坐标(30<45)（即距原点 30，方向 45° 的点）。

输入过程如图 1-32 所示，绘制直线如图 1-33(a)所示。

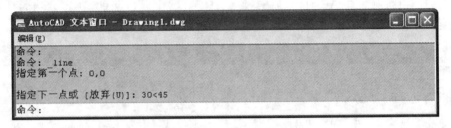

图 1-32　输入绝对极坐标

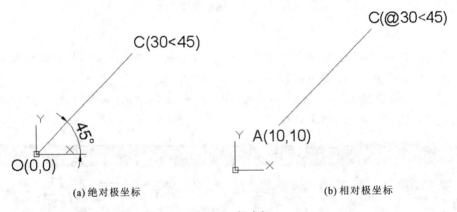

(a) 绝对极坐标　　　　　　　　　　　　(b) 相对极坐标

图 1-33　极坐标

2) 相对极坐标

相对极坐标中，在距离前加"@"符号。例如，@30<45，即指输入的点距上一点的距离为 30，与上一点的连线与 X 轴成 45°。

【例 1-4】 绘制直线 AC，A 点坐标(10,10)，C 点相对于 A 点坐标(@30<45)。输入过程如图 1-34 所示，绘制直线见图 1-33(b)所示。

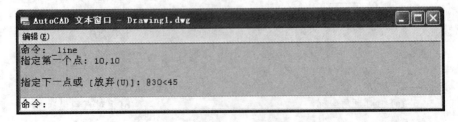

图 1-34　输入相对极坐标

在绘图中坐标的输入方式并不是唯一的,绘图时各种方式配合使用才能使绘图更加灵活。在绘图时使用对象捕捉等方式,会使绘图的速度和精准度更好。

【例1-5】 用直线命令根据尺寸采用坐标输入的方式绘制图形,如图1-35所示,输入过程如图1-36所示。

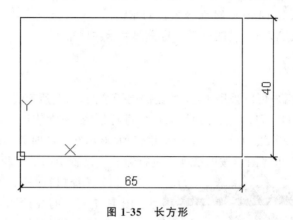

图 1-35 长方形

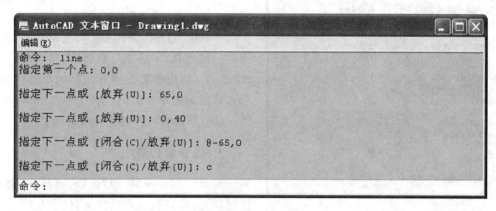

图 1-36 绘图输入过程

注意:使用矩形命令绘制图1-35更快捷一些。其与直线命令的区别为:用直线命令绘制的长方形每条边是各自独立的,而用矩形绘制时四条边是一个整体,点选其中任意一条,矩形整体都被选中。

2.3 绘图环境的设置

1. 图形界限

图形界限是表示绘图窗口显示的范围,AutoCAD 默认的图形界限对应于 A3 图幅,当图形的尺寸较大,图形超出图形界限范围较多时,为了方便画图和观察,需要对图形界限的大小进行重新设置。设置图形界限的步骤如下。

(1)选择"格式"→"图形界限"命令。

（2）当命令提示区显示"指定左下角点＜0.0000，0.0000＞："时，一般情况下可按回车键接受默认值。

（3）当命令提示区显示"指定右上角点＜420.0000，297.0000＞："时，用键盘输入图形界限的长度和宽度值作为右上角的坐标值，然后按回车键。

（4）在命令行输入 Z（即 ZOOM 命令），按回车键。

（5）在命令行输入 A，则所设图形界限将全部显示在屏幕上。

2. 绘图单位和精度

在 AutoCAD 中，用户可以采用 1：1 的比例因子绘图，因此所有直线、圆和其他对象都可以按真实大小来绘制。用户可以使用各种标准单位进行绘图，通常使用 mm、cm、m 和 km 等作为单位，mm 是最常用的一种绘图单位。不管采用何种单位，在绘图时只能以图形单位计算绘图尺寸，在需要打印出图时，再将图形按图纸大小进行缩放。设置绘图单位和精度的步骤如下。

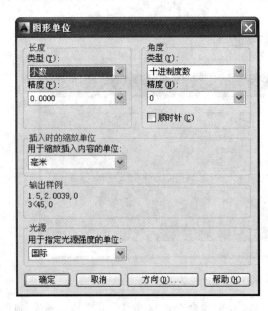

图 1-37 "图形单位"对话框

（1）选择执行"格式"→"单位…"命令，弹出如图 1-37 所示的"图形单位"对话框。

（2）在"长度"栏中设置类型和精度，工程绘图中一般选择"小数"和"0.0"。

（3）在"角度"栏中设置类型和精度，工程绘图中一般选择"十进制小数"和"0"。

（4）在"用于缩放插入内容的单位："列表框中选择图形的单位，默认为"毫米"。

（5）单击"确定"按钮完成设置。

3. 设置参数选项

选择"工具"→"选项"命令，可打开"选项"对话框。在该对话框中包含"文件"、"显示"、"打开和保存"、"打印和发布"、"系统"、"用户系统设置"、"绘图"、"三维建模"、"选择集"、"配置"和"联机"等十个选项卡，如图 1-38 所示。

1）"文件"选项卡

该选项卡用于确定 AutoCAD 搜索支持文件、驱动程序文件、菜单文件和其他文件时的路径以及用户定义的一些设置。

2）"显示"选项卡

该选项卡用于设置窗口元素、布局元素、显示精度、显示性能、十字光标大小和参照编辑的褪色度等显示属性。

3）"打开和保存"选项卡

该选项卡用于设置是否自动保存文件，以及自动保存文件时的时间间隔；是否维护日志，以及是否按需加载外部参照文件等。

4）"打印和发布"选项卡

该选项卡用于设置 AutoCAD 的输出设备。默认情况下，输出设备为 Windows 打印机。在

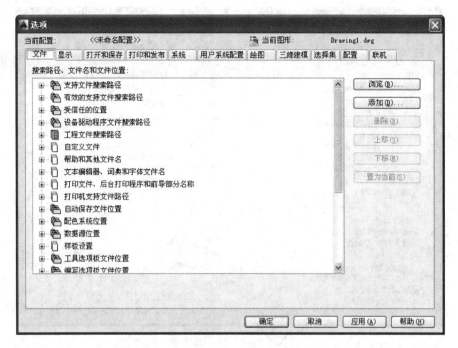

图 1-38 "选项"对话框

很多情况下,为了输出较大幅面的图形,用户也可能需要使用专门的绘图仪。

5)"系统"选项卡

该选项卡用于设置当前三维图形的显示特性。例如,设置定点设备、是否显示 OLE 特性对话框、是否显示所有警告信息、是否检查网络连接、是否显示启动对话框、是否允许长符号名等。

6)"用户系统设置"选项卡

该选项卡用于设置是否使用快捷菜单和对象的排序方式。

7)"绘图"选项卡

该选项卡用于设置自动捕捉、自动追踪、自动捕捉标记框颜色和大小、靶框大小。

8)"三维建模"选项卡

该选项卡用于设置三维十字光标,三维对象显示等。

9)"选择集"选项卡

该选项卡用于选择集模式、拾取框大小以及夹点大小等。

10)"配置"选项卡

该选项卡用于实现新建系统配置文件、重命名系统配置文件以及删除系统配置文件等操作。

【例 1-6】 设置绘图窗口的背景颜色为白色(默认情况下,绘图窗口的背景颜色为黑色)。

具体操作步骤如下。

(1)选择"工具"→"选项"命令,打开"选项"对话框。

(2)选择"显示"选项卡,如图 1-39 所示,在"窗口元素"栏中单击"颜色(C)…"按钮,打开如图 1-40 所示的"图形窗口颜色"对话框。

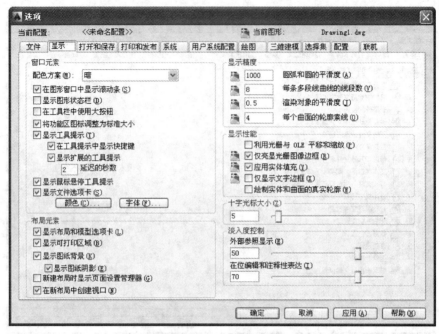

图 1-39　"显示"选项卡

（3）在"上下文(X):"栏中选择"二维模型空间"选项，如图 1-40 所示。

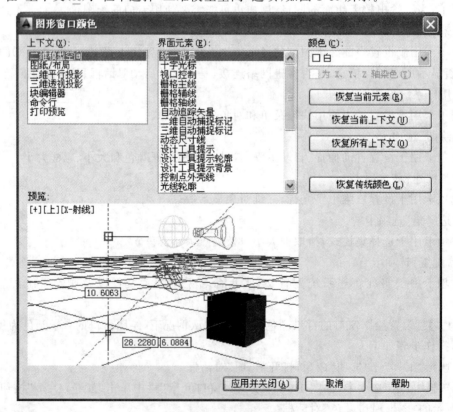

图 1-40　将模型空间背景颜色设置为白色

（4）在"界面元素(E):"栏中选择"统一背景"选项。

（5）在"颜色(C):"栏中选择"白"选项，二维模型空间背景颜色设置为白色，如图1-40所示。单击"应用并关闭(A)"按钮完成设置。

2.4　绘图窗口的缩放

绘图窗口的缩放是指调整屏幕窗口的显示范围。绘图窗口缩放不会改变图形中对象的尺寸大小。

1. 绘图窗口缩放命令

绘图窗口缩放命令为"ZOOM"，执行"ZOOM"命令将显示如下提示信息。

指定窗口角点，输入比例因子（nX 或 nXP），或者

[全部(A)/中心(C)/动态(D)/范围(E)/上一个(P)/比例（S）/窗口(W)/对象(O)] < 实时> :

这时如果输入"2X"后按回车键，将会将当前视图放大两倍；如果输入 2XP 后按回车键，则会相对于图纸空间放大两倍。其他选项的功能与下述"缩放"工具栏中相应的功能相同。

2. "缩放"工具栏

视图缩放是一项经常使用的功能，为了在绘图中能更方便使用，系统设计了"缩放"工具栏、"缩放"弹出工具栏、实时缩放工具、鼠标中轮转动缩放多种方法。

如图 1-41 所示为"缩放"工具栏，自左向右的图标命令依次为：窗口缩放、动态缩放、比例缩放、中心缩放、缩放对象、放大、缩小、全部缩放、范围缩放等。点击其中的某一个图标即执行相应的缩放命令。

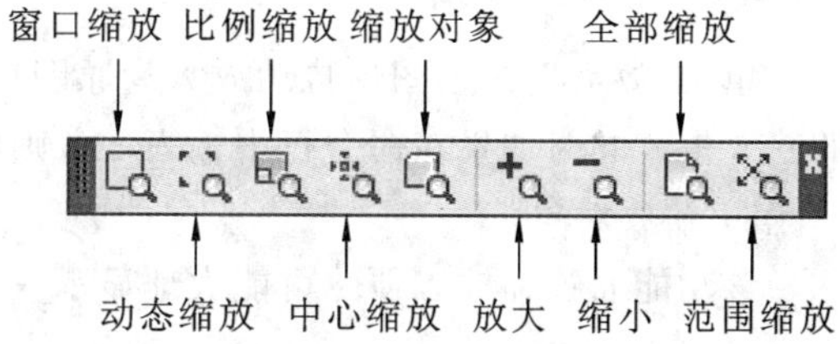

由于图形缩放功能的使用率较高，故 AutoCAD 在"标准"工具栏中还设置有一个"图形缩放"的弹出按钮，点击该弹出按钮，会弹出一列缩放命令图标，其形式和意义与"缩放"工具栏中的完全相同。

图 1-41　"缩放"工具栏

另外，也可以选择"视图"→"缩放"命令，来选择执行缩放命令。

"缩放"工具栏中各选项的意义说明如下。

1）范围缩放

范围缩放功能是指满屏显示所有的图形对象，包含已关闭图层上的对象，但不包含已冻结图层上的对象。

2）全部缩放

全部缩放功能是指满屏显示用户定义的"图形界限"和所有的图形对象。

3）窗口缩放

通过鼠标指定两个角点定义一个需要缩放的窗口范围，可将矩形窗口内的图形对象快速放大到满屏显示。

4）中心缩放

中心缩放功能是将图形中的指定点移动到绘图区域的中心，并按给定的比例值或高度值进

行缩放。中心缩放功能用于调整对象的大小并将其移动到界面的中心。

中心点可以通过输入垂直图形单位数值，或者输入一个相对于当前视图的显示比例来缩放视图。例如，输入"50"，视图就按 50 个图形单位的高度显示。如果输入的数值比默认值小，则会放大图像；如果输入的数值比默认值大，则会缩小图像。

要指定比例因子，可在输入的数值后加上字母"X"。例如，输入"2X"，图形将会以当前视图的 2 倍放大显示。

5）动态缩放

动态缩放功能可以方便地调整缩放的区域，用于较大图形的观察和修改。

操作时，屏幕上出现三个矩形框，蓝色虚线框代表整个图形的范围，绿色虚线框代表当前视图的显示范围，黑色实线框代表将要显示的视图框。移动鼠标可以调整视图框的大小，按回车键确认后，移动鼠标又可移动视图框，将视图框拖动到需要缩放的区域后，按回车键，则视图框内的图形将满屏显示。

6）比例缩放

比例缩放功能是指按一定的比例缩放视图，该命令通常有两种输入缩放比例的方法。

（1）相对图形界限　在启用比例缩放命令后，直接输入一个数值，将相对于当前图形界限的大小来缩放视图。例如：如果输入值为"1"，将以当前视图的中心为中心，以图形界限的大小显示视图；如果输入值为"2"，则以图形界限大小的 2 倍尺寸显示视图。

（2）相对当前视图　在启用比例缩放命令后，若在输入的数值后加 X，则将相对于当前视图的大小来缩放视图。例如，如果输入为 1X，则视图不发生变化。

7）放大和缩小

单击"放大"按钮，图形自动放大为原图形的 2 倍；单击"缩小"图标，图形自动缩小为原图形的 0.5 倍。同时如果在命令行中输入 2X，则将以当前视图大小的 2 倍来显示图形。

8）缩放对象

该功能通过缩放以便尽可能大地显示一个或多个选定的对象并使其位于绘图区域的中心。

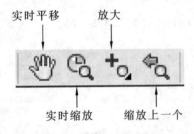

图 1-42　图形缩放与平移

3. "实时平移"命令

使用"实时平移"命令或拖动窗口滚动条可以移动视图的位置。在"标准"工具栏中，有实时平移的手形按钮，如图 1-42 所示，单击该按钮即可执行"实时平移"操作。

操作时，按住鼠标左键，光标变为手型，这时拖动鼠标，图形显示窗口即随着鼠标的拖动进行平移。但这种平移不会改变图形中对象的绝对位置或比例，只会改变视图的显示位置。

4. "实时缩放"命令

单击如图 1-42 所示的"标准"工具栏中的"实时缩放"按钮，按住鼠标左键，向上移动将放大视图，向下移动将缩小视图。

在绘图窗口中心点按住鼠标左键，移动到窗口的上边框，可使视图放大为原来的 2 倍；在绘图窗口中心点按住鼠标左键，移动到窗口的下边框，可使视图缩小一半。

如果光标已经移动到窗口的尽头，还要继续放大或缩小视图，可松开鼠标左键，将光标移回绘图区内,再按住鼠标左键,继续上述的操作。

5."缩放上一个"命令

在"标准"工具栏中有"缩放上一个"按钮,如图 1-42 所示。单击"缩放上一个"按钮,可以快速回到前一个视图。"缩放上一个"命令最多可向前恢复 10 个视图,但只能恢复视图的比例和位置,不能恢复编辑的上一个图形的内容。

6. 鼠标中轮的绘图窗口缩放功能

双击鼠标中轮相当于执行"范围缩放"命令,转动鼠标中轮相当于执行"实时缩放"命令,按住鼠标中轮拖动相当于执行"实时平移"命令。

模块 2

建筑平面图的绘制

学习目标

学习目标

☆ **模块任务**

绘制某综合办公楼的一层平面图,如图 2-1 所示。

☆ **专业能力**

绘制建筑平面图的能力。

☆ **专业知识点**

图层(LAYER)、直线(LINE)、构造线(XLINE)、偏移(OFFSET)、多线(MLINE)、分解(BREAK)、修剪(TRIM)、延伸(EXTEND)、删除(ERASE)、点的(POINT)、矩形(RECTANGLE)、圆弧(ARC)、倒角(CHAMFER)、圆角(FILLET)、圆(CIRCLE)、多段线(PLINE)、尺寸标注(DIMLINEAR)、文字(DTEXT、TEXT、MTEXT)。

根据如图 2-1 所示的平面图将绘图步骤分解成如下几个课题进行讲解。

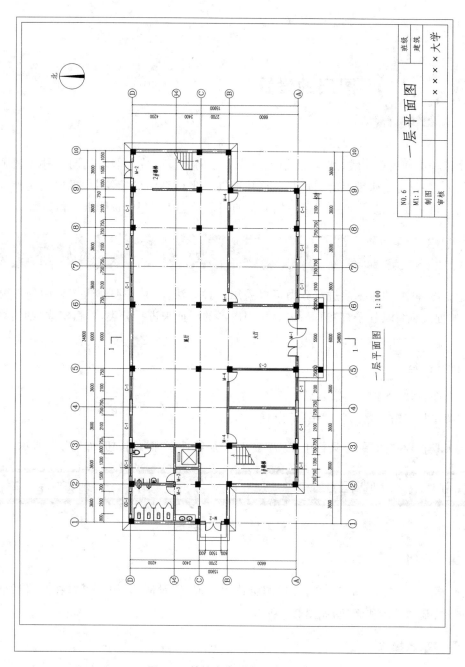

图 2-1 某综合办公楼一层平面图

课题 3 图层的设置

一个工程图样由粗实线、细实线、细点画线等不同线型组成。假若把同一种线型画在一张透明的纸上，并且每一张纸上的图形都严格按照同一坐标系的坐标绘制，再把这些画着不同线型的透明纸重叠在一起时，就构成了一幅完整的图形。这些假想的透明纸被称为图层。

3.1 创建新图层

在建筑图样中，通过图层进行分类可以采用两种方法：一是按照建筑工程中的各要素来进行分类，如轴线、墙体、柱子、门窗等；二是按照图形的特征来进行分类，如粗实线、细实线、虚线、点画线等。

1. 执行途径

（1）命令行："LAYER"或"LA"。

（2）菜单栏：选择"格式"→"图层"命令。

（3）工具栏：在"图层"工具栏中点击" "（图层特性管理器）按钮，如图 2-2 所示。

图 2-2 "图层"工具栏

2. 操作说明

选择"格式"→"图层"命令，会弹出"图层特性管理器"对话框，用户可以在此对话框中进行图层的创建、基本操作和管理，如图 2-3 所示。

3. 图层基本操作

1）新建图层

在图 2-3 中，单击 按钮（或按 Alt＋N 快捷键），在图层列表视图中将增加一个名为"图层1"的新图层，同时可以立即对它进行重新命名。新图层的状态、颜色、线型和线宽，继承顶层上的状态、颜色、线型和线宽。如未选顶层，则新图层上的这些特性将继承 0 层上的这些特性。在一个图形中最多可创建 32 000 个图层。

2）删除图层

在图 2-3 中，单击 按钮（或按 Alt＋D 快捷键），该功能用于标示图层列表视图中所选定的

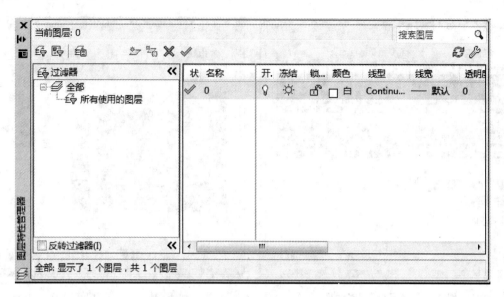

图 2-3 "图层特性管理器"对话框

层,以便进行删除操作。单击"应用"或"确定"按钮后才可删除这些图层。没有任何对象的非当前图层才能被删除,而图层 0 和 DEFPOINTS、包含对象(包括块定义中的对象)的图层、当前图层和依赖外部参照的图层,都不能被删除。

3)置为当前

在图 2-3 中,单击 ✔ 按钮(或按 Alt+C 快捷键),将选定的图层设置为当前图层。当前图层名称显示在图层列表视图上面的"当前图层"栏中,用户所创建的对象将被放置在当前图层中。

3.2 设置图层

在每个图层属性设置中,包括图层名称、关闭/打开图层、冻结/解冻图层、锁定/解锁图层、图层线条颜色、图层线条线型、图层线条宽度、图层打印样式以及图层是否打印等九个参数。下面将分别讲述如何设置这些图层参数。

1. 颜色设置

在工程制图中,一个完整的图形包含多种不同功能的图形对象,如实体、剖面线与尺寸标注等,为了便于直观区分它们,就有必要针对不同的图形对象使用不同的颜色。

(1)在建立图层时,图层的颜色承接上一个图层的颜色。对于图层 0,系统默认的是 7 号颜色,该颜色相对于黑色的背景显示为白色,相对于白色的背景显示为黑色(除该颜色外,其他颜色不论背景为何种颜色,颜色都不变)。

(2)在绘制过程中,需要对各个图层的对象进行区分,改变该图层的颜色,默认状态下该图层的所有对象的颜色将随之改变。单击"颜色"列表下的颜色特性图标,弹出如图 2-4 所示的"选择颜色"对话框,用户可以对图层的颜色进行设置。

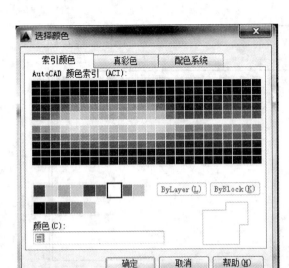 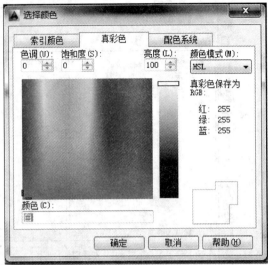

图 2-4 "选择颜色"对话框   图 2-5 "真彩色"选项卡

在"索引颜色"选项卡中，用户可以直接单击选择需要的颜色，也可以在"颜色（C）"文本框中输入颜色号；在"真彩色"选项卡中，用户可以选择"RGB"和"HSL"两种模式，然后在各自的模式下选择颜色，如图 2-5 所示。在"配色系统"选项卡中，用户可以从系统提供的颜色列表中选择一个标准表，然后从色带滑块中选择所需要的颜色。

2. 线型设置

线型是指作为图形基本元素的线条的组成和显示方式，如实线、点画线等。在许多绘图工作中，常常以线型来划分为图层，为某一个图层设置合适的线型。在绘图时，只需将该图层设为当前工作层，即可绘制出符合线型要求的图形对象，从而极大地提高了绘图的效率。

1）加载线型

AutoCAD 提供了标准的线型库，该库文件为"ACADISO. LIN"，可以从中选择线型，也可以定义自己专用的线型。

在 AutoCAD 中，系统默认的线型是"Continuous"，线宽也采用默认值"0"单位，该线型是连续的。在绘图过程中，如果用户希望绘制点画线、虚线等其他种类的线，就需要设置图层的线型和线宽。具体操作步骤如下。

（1）在"图层特性管理器"对话框中，单击"线型"列表下的线型特性图标"Continuous"，弹出如图 2-6 所示的"选择线型"对话框。默认状态下，"选择线型"对话框中只有"Continuous"一种线型。

（2）单击"加载（L）…"按钮，弹出如图 2-7 所示的"加载或重载线型"对话框，用户可以在"可用线型"列表框中选择所需要的线型。

（3）单击"确定"按钮返回"选择线型"对话框，选中刚刚加载的线型，单击"确定"按钮，加载过程完成。

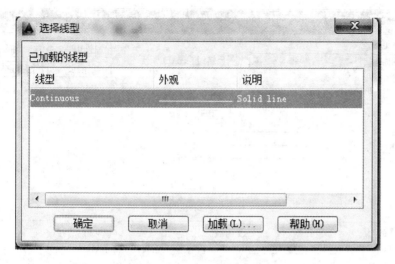

图 2-6　"选择线型"对话框

图 2-7　"加载或重载线型"对话框

2）调整线型比例

在 Auto CAD 定义的各种线型中,除了 Continuous 线型外,每种线型都是由线段、空格、点或文本所构成的序列。用户设置的绘图界限与默认的绘图界限差别较大时,在屏幕上显示或绘图仪输出的线型会不符合工程制图的要求,此时需要调整线型比例。

调整线型比例的命令为 LTSCALE,它是全局缩放比例,也可以在"线型管理器"对话框中调整线型比例。

在如图 2-8 所示的"线型管理器"对话框的"详细信息"栏内有两个调整线型比例的编辑框,即"全局比例因子(G)"和"当前对象缩放比例(O)"编辑框。

● "全局比例因子(G)"用于调整已有对象和将要绘制对象的线型比例。

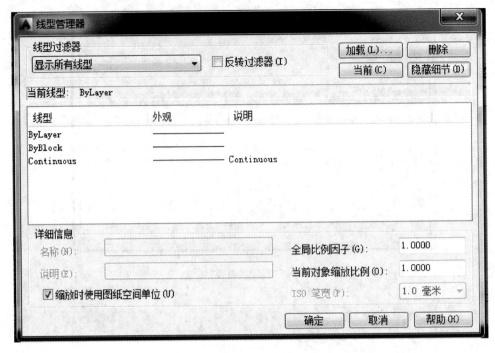

图 2-8　"线型管理器"对话框

● "当前对象缩放比例（O）"用于调整将要绘制对象的线型比例。

这两个值可以相同，也可以不同。线型比例越大，线型中的要素也越大。

● "详细信息"栏内中的"ISO 笔宽（P）"下拉列表框，只对 ISO 线型有效。

● "详细信息"栏内的"缩放时使用图纸空间单位（U）"复选框，用于调整不同图纸空间视图中线型的缩放比例。

3. 线型设置

使用线宽特性可以创建粗细（即宽度）不一的线，分别用于不同的地方，这样就可以图形化地表示对象和信息。

单击"图层特性管理器"中"线宽"列表下的线宽特性图标，弹出如图 2-9 所示的"线宽"对话框，在"线宽"列表框中选择需要的线宽，单击"确定"按钮完成设置线宽操作。

图 2-9　"线宽"对话框

3.3　控制图层状态

控制图层状态包括切换当前图层、关闭/打开
图层、冻结/解冻图层、锁定/解锁图层、打印样式、打印/不打印、冻结新视图等。

1. 切换当前图层

不同的图形对象需要绘制在不同的图层中，在绘制前，需要将工作图层切换到所需的图层上来。打开"图层特性管理器"对话框，选择图层，单击"置为当前"按钮✔完成设置。

2. 关闭/打开图层

在"图层特性管理器"对话框中，单击💡按钮，可以控制图层的可见性。图层打开时，小灯泡按钮呈鲜艳的颜色，该图层上的图形可以显示在屏幕上或用绘图仪输出。当单击该属性图标后，小灯泡按钮呈灰暗色时，该图层上的图形不显示在屏幕上，而且不能被打印输出，但仍然作为图形的一部分保留在文件中。

3. 冻结/解冻图层

在"图层特性管理器"对话框中，单击❄按钮，可以冻结图层或将图层解冻。该按钮呈雪花灰暗色时，该图层是冻结状态；按钮呈鲜艳的颜色时，该图层是解冻状态。冻结图层上的对象不能显示，也不能打印，同时也不能编辑修改该图层上的图形对象。在冻结了图层后，该图层上的对象不影响其他图层上对象的显示和打印。例如，在使用 HIDE 命令消隐时，被冻结图层上的对象不隐藏其他的对象。

4. 锁定/解锁图层

在"图层特性管理器"对话框中，单击🔓按钮，可以锁定图层或将图层解锁。锁定图层后，该图层上的图形依然显示在屏幕上并可打印输出，并且可以在该图层上绘制新的图形对象，但用户不能对该图层上的图形进行编辑修改操作。可以对当前图层进行锁定，也可以对锁定图层上的图形进行查询和对象捕捉操作。锁定图层可以防止对图形的意外修改。

5. 打印样式

在 AutoCAD 2014 中，可以使用一个称为"打印样式"的新的对象特性。打印样式控制对象的打印特性，包括颜色、抖动、灰度、笔号、虚拟笔、淡显、线型、线宽、线条端点样式、线条连接样式和填充样式等。使用打印样式给用户提供了很大的灵活性，因为用户可以通过设置打印样式来替代其他对象特性，也可以按用户需要关闭这些替代设置。

6. 打印/不打印

在"图层特性管理器"对话框中，单击🖨按钮，可以设定打印时该图层是否打印，以在保证

图形显示可见且不变的条件下，控制图形的打印特性。打印功能只对可见的图层起作用，对于已经被冻结或被关闭的图层不起作用。

7．冻结新视图

该功能用于控制在当前视图中图层的冻结和解冻。不解冻图形中设置为"关"或"冻结"的图层，对于模型空间视图中不可用。

工程实际操作 2-1

根据本课题所学内容，开始学习绘制图 2-1 中相对应部分的内容。

单击"图层特性管理器"命令按钮，弹出"图层管理器"对话框，单击"新建图层"按钮，利用本课题所讲解的知识分别创建轴线、墙体、门窗、柱子、标注、其他、文字、图框、标题栏等，然后修改图层的颜色、线型和线宽。结果如 2-10 所示。

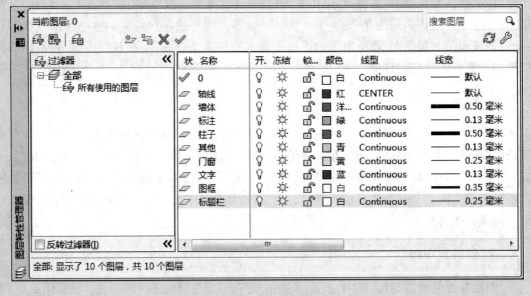

图 2-10　创建图层

 绘制定位轴线

定位轴线应与主网格轴线重合。定位轴线之间的距离（如跨度、柱距、层高等）应符合模数尺寸，从而用于确定结构或构件等的位置及标高。结构构件与平面定位轴线的联系，应有利于水平构件梁、板、屋架和竖向构件墙、柱等的统一和互换，并使结构构件受力合理、构造简化。

4.1 直线命令

直线是各种绘图中最常用、最简单的一类图形对象,在几何学中,两点决定一条直线。单击"绘图"工具栏的"直线"按钮后,用户只需给定起点和终点,即可画出一条线段。一条线段即为一个图元。在 AutoCAD 中,图元是最小的图形元素,它不能被再分解,一个图形是由若干个图元组成的。

1. 执行途径

(1)命令行:"LINE"或"L"。

(2)菜单栏:选择"绘图"→"直线"命令。

(3)工具栏:在"绘图"工具栏中单击"直线"按钮 。

2. 操作说明

执行"直线"命令后,命令行显示如下。

指定第一点:(输入第一点)。

(1)单击鼠标或从键盘输入起点的坐标,以确定起点,命令行显示如下。

指定下一点或[放弃(U)]

(2)移动鼠标并单击,即可确定下一点,同时画出了一条直线。

(3)再移动鼠标并单击,则可以连续画直线。

(4)右击,在弹出的快捷菜单中选择相关命令,或按回车键结束画直线操作。

3. 特别提示

(1)在影响"下一点"时,若输入"U"或选择快捷菜单中的"放弃"命令,则取消刚刚画出的直线。连续输入"U"并按回车键,即可连续取消相应的直线。

(2)在命令行中的"命令":在命令行提示下输入"U",则取消刚执行的命令。

(3)在影响"下一点"时,若输入"C"或选择快捷菜单中的"闭合"命令,可使绘制的折线封闭并结束操作。也可以直接输入长度值,绘制出定长的直线段。

(4)若要画水平线和铅垂线,可按 F8 键进入正交模式。

(5)若要准确绘出到某一特定点,可使用对象捕捉工具。

(6)按 F6 键切换坐标形式,便于确定直线的长度和角度。

(7)从命令行输入命令时,可输入某一命令的缩写字母。例如,LINE 命令,从键盘输入 L 即可执行绘制直线命令,这样执行有关命令更快捷。

(8)若要绘制带宽度信息的直线,可从"对象特性"工具栏的"线宽控制"列表框中选择线的宽度。

4. 应用示例

【例 2-1】 使用直线工具绘制如图 2-11 所示的图形。

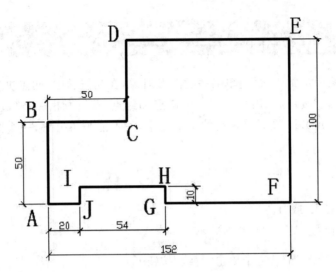

图 2-11　使用"直线"命令绘制图形

具体操作步骤如下。

（1）选择"绘图"→"直线"命令，或在"绘图"工具栏中单击"直线" 按钮，发出 LINE 命令。

（2）在"指定第一点："提示行后输入 A 点坐标(0,0)。

（3）依次在"指定下一点或[放弃(U)]："提示行中输入其他点坐标，包括 B(0,50)、C(50,50)、D(50,100)、E(152,100)、F(152,0)、G(74,0)、H(74,10)、I(20,10)、J(20,0)等。

（4）在"制定下一点或[闭合(C)/放弃(U)]："提示行后输入字母 C，然后按回车键，即可得到封闭的图形。

4.2　构造线命令

构造线命令用于绘制构造图形用的辅助线，这种辅助线无限长，没有端点或者有一个端点。两端无端点的辅助线称为构造线或参照线。只有一个端点的辅助线称为射线。辅助线经过修改后可成为直线。

1. 执行途径

（1）命令行："XLINE"或"XL"。

（2）菜单栏：选择"绘图"→"构造线"命令。

（3）工具栏：在"绘图"工具栏中单击"构造线"按钮 。

2. 操作说明

单击"构造线"按钮 ，命令行显示如下。

指定点或[水平(H)/垂直(V)/角度(A)/二等分(B)/偏移(O)]：

在执行了 XLINE 命令后,命令行中显示出若干个选项。其中,默认选项是"指定点"。若欲执行括号内的选项,则需输入选项的大写字符。

命令行中各选项的含义如下。

(1) 水平(H):绘制通过指定点的水平构造线。

(2) 垂直(V):绘制通过指定点的垂直构造线。

(3) 角度(A):绘制与 X 轴正方向成指定角度的构造线。

(4) 二等分(B):绘制角的平分线。执行该选项后,用户只需输入角的顶点、角的起点和角的终点这三点,即可画出过角顶点的角平分线。

(5) 偏移(O):绘制与指定直线平行的构造线。该选项的功能与"修改"菜单中的"偏移"命令的功能相同。执行该选项后,给出偏移距离或指定通过点,即可画出与指定直线相平行的构造线。

3. 应用示例

【例2-2】 使用"构造线"工具,绘制如图 2-12 所示图形中的辅助线。

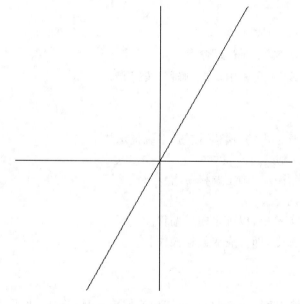

图 2-12　使用"构造线"命令绘制图形

具体操作步骤如下。

(1) 选择"绘图"→"构造线"命令,或者在"绘图"工具栏中单击"构造线" ↗ 按钮,发出 XLINE 命令。

(2) 在"指定点或[水平(H)/垂直(V)/角度(A)/二等分(B)/偏移(O)]:"提示行后输入 H,并在绘图窗口中单击,绘制一条水平构造线。

(3) 按回车键,结束构造线的绘图命令。

(4) 再次按回车键,重新发出 XLINE 命令。

（5）在"指定点或[水平（H）/垂直（V）/角度（A）/二等分（B）/偏移（O）]："提示行后输入 V，并在绘图窗口中单击，绘制一条垂直构造线。

（6）在"指定点或[水平（H）/垂直（V）/角度（A）/二等分（B）/偏移（O）]："提示行后输入 A，在"输入构造线的角度（O）[参照（R）]："提示行后输入 60。

（7）在"指定通过点："提示行后捕捉 O 点，并在绘图窗口中单击，绘制一条垂直构造线。

（8）按回车键，结束构造线绘制命令。

（9）关闭绘图窗口，并保存绘制的图形。

4.3　偏移命令

OFFSET（偏移）命令用于构造一个新对象与原对象保持等距离。进行偏移复制时，可以输入偏移距离，或者指定通过点。原对象可以是直线、圆弧、圆、椭圆、椭圆弧、样条曲线和二维多段线等。对一个对象进行偏移操作后，还可以对新对象再进行偏移操作。在一个命令下，可以连续作多次进行偏移复制，最后按回车键结束操作。

1. 执行途径

（1）命令行："OFFSET"或"O"。

（2）菜单栏：选择"修改"→"偏移"命令。

（3）工具栏：在"修改"工具栏中单击"偏移"按钮 。

2. 操作说明

（1）单击"修改"工具栏中的"偏移"按钮，系统提示如下。

　　　指定偏移距离或[通过（T）]< 1.000>：

（2）输入距离，或者用鼠标确定偏移距离。

（3）选择要偏移的对象。

（4）在图形外任一点单击，以确定向外偏移。

（5）按回车键结束命令，即可完成偏移操作。

3. 特别提示

（1）默认情况下，需要指定偏移距离，再选择要偏移复制的对象，然后指定偏移方向，从而复制出对象。

（2）如果在命令行中输入 T，再选择要偏移复制的对象，然后指定一个通过点，这时复制出的对象将经过通过点。

（3）偏移命令是一个单对象编辑命令，在使用过程中，只能以直接拾取的方式选择对象。通过指定偏移距离的方式来复制对象时，距离值必须大于 0。

（4）使用偏移命令复制对象时，复制结果不一定与原对象相同。例如，对圆弧进行偏移操作后，新圆弧与旧圆弧同心且具有同样的包含角，但新圆弧的长度会发生改变；对圆或椭圆作偏移后，新圆、新椭圆与旧圆、旧椭圆有同样的圆心，但新圆的半径或新椭圆的轴长要发生变化。对直线段、构造线、射线等进行偏移后，实际上是平行复制。

工程实际操作 2-2

根据本课题所学内容,开始学习绘制图 2-1 相对应部分的内容。

(1) 打开"图层"工具栏,单击"图层特性管理器"命令按钮,在弹出的"图层特性管理器"对话框中单击"轴线"图层,然后单击"只为当前"按钮,将当前图层设置为"轴线"图层。

(2) 单击"直线"命令按钮,绘制一条水平直线,长度为"34800",在水平直线的端点绘制一条竖直直线,长度为"15900",组成"L"形起始轴线,如图 2-13 所示。

图 2-13 "L"形起始轴线

(3) 单击"偏移"命令按钮,令水平直线依次向上偏移"6600"、"2700"、"2400"、"4200",从而得到水平方向的辅助线。采用同样的方法将竖直直线连续分别向右偏移"3600"、"3600"、"3600"、"3600"、"6000"、"3600"、"3600"、"3600"和"3600",从而得到竖直方向的辅助线。这样就构成了正交的辅助线网,则绘制出首层的轴线网格,其结果如图 2-14 所示。

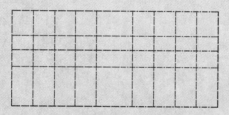

图 2-14 首层轴线网格

课题 5 绘制墙体

墙体是建筑物的重要组成部分。它的作用是承重、围护或分隔空间。墙体按其受力情况和材料的不同分为承重墙和非承重墙,按其构造方式的不同分为实心墙、烧结空心砖墙、空斗墙和复合墙等。

5.1 多线命令

多线由多条平行线构成,最少 2 条,最多可有 16 条。每条线可分别设置颜色、线型。每条线到零线(也称中心线)的距离由偏移量控制。用户使用 MLSTYLE(多线样式)命令设置多线样式,使用 MLINE(多线)命令绘制多线,使用 MLEDIT(多线编辑)命令编辑多线。

1. 定义多线样式

MLSTYLE(多线样式)命令用于设置多线样式,为每一个样式命名,确定多线由几条线组成,并为每条线指定偏移量、颜色、线型等特性。默认的多线样式是 STANDARD,它由两条实线组成,两条线之间的距离是 1(偏移量为 0.5 和 -0.5),颜色和线型都是 Bylayer(随层)。

1) 执行途径

(1) 菜单栏:选择"格式"→"多线样式"命令。

(2) 命令行:"MLSTYLE"。

2) 操作说明

(1) 选择"格式"→"多线样式"命令,弹出"多线样式"对话框,如图 2-15 所示。

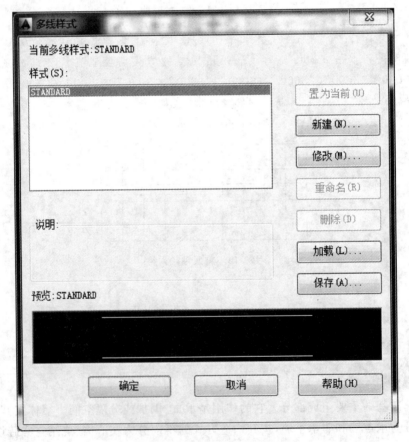

图 2-15 "多线样式"对话框

(2) 单击"新建"按钮,弹出"创建新的多线样式"对话框。在"新样式名(N)"文本框中输入文件名称,如"墙体",如图 2-16 所示。

(3) 单击"继续"按钮,弹出如图 2-17 所示的"新建多线样式:墙体"对话框。

(4) 在"封口"选项区域,确定多线的封口形式、填充颜色和显示连接。

图 2-16　"创建新的多线样式"对话框

（5）在"图元（E）"选项区域，单击"添加（A）"按钮，则在元素栏内增加了一个元素。

（6）在"偏移"栏内可以设置新增元素的偏移量。例如：将"24"墙体在"偏移"栏内的参数"0.5"改为"120"，将"－0.5"改为"－120"，如图 2-17 所示。"24"墙体即厚度为 240 mm 的墙体，是建筑施工图中常见的墙体厚度。

图 2-17　"新建多线样式：墙体"对话框

（7）分别利用"颜色（C）"、"线型"按钮设置新增元素的颜色和线型。

（8）单击"确定"按钮，返回到"多线样式"对话框。

（9）单击"置为当前（U）"按钮，最后单击"确定"按钮，完成多线样式的定义。

2. 绘制多线

MLINE（多线）命令会按指定的多线样式绘制多线图形。在使用 MLINE（多线）命令时，必须确定使用哪一种多线样式、多大的宽度比例以及使用何种对齐方式绘制多线。多线的宽度是多线样式设置中定义的上线与下线偏移量之差。

1）执行途径

（1）命令行："MLINE"或"ML"。

（2）菜单栏：选择"绘图"→"多线"命令。

2）操作说明

选择"绘图"→"多线"命令，命令行提示如下。

> 指定起点或：[对正（J）/比例（S）/样式（ST）]：

单击鼠标或从键盘输入起点的坐标，以指定起点。移动鼠标并单击，即可指定下一点，同时绘制出了一段多线。

其中，各选项的含义如下。

（1）指定起点：执行该选项后（即输入多线的起点），系统会以当前的样式、比例和对正方式绘制多线。

（2）对正（J）：该选项用于确定绘制多线的对正方式。

（3）比例（S）：该选项用于确定绘制多线相对于定义的多线比例系数，默认为1.00.

（4）样式（ST）：该选项用于确定绘制多线时所使用的多线样式，默认样式为STANDARD。执行该选项后，根据系统提示，输入定义过的多线样式名称，或者输入"?"来显示已有的多线样式。

系统为用户提供了基本的多线，用户可以按照绘制直线的方法，使用系统默认的多线绘制需要的图形，此时多线的对正方式为"上"，平行线间距为"20"，默认比例为"1"，样式为"STANDARD"。

3. 编辑多线

MLEDIT（多线编辑）命令用于编辑多线图形，主要处理多线相交的问题，同时还具有打断、修复等功能。

1）执行途径

（1）菜单栏：选择"修改"→"对象"→"多线"命令。

（2）命令行："MLEDIT"或"MLED"。

2）操作说明

执行多线编辑命令后，将弹出如图 2-18 所示的"多线编辑工具"对话框，编辑多线主要在该对话框中进行。"多线编辑工具"对话框中的各个图标形象地反映了 MLEDIT 命令的功能。

选择多线的编辑方式后，命令行提示如下。

> 选择第一条多线：（指定要剪切的多线的保留部分）。
> 选择第二条多线：（指定剪切部分的边界线）。

多线编辑命令可持续使用，按回车键则结束命令。

3）应用示例

下面以图 2-19 所示的墙线为例，介绍多线的绘制和编辑。

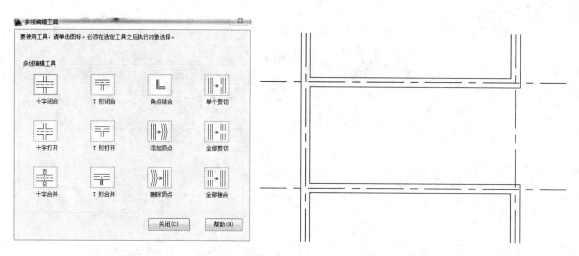

图 2-18　"多线编辑工具"对话框　　　　　图 2-19　墙线示例

具体的操作步骤如下。

（1）定义多线样式。选择"格式"→"多线样式"命令，弹出"多线样式"对话框，如图 2-20 所示。

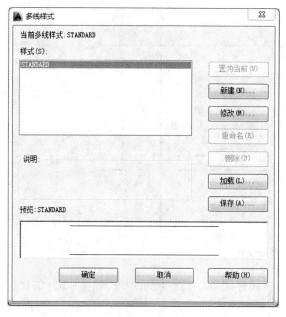

图 2-20　"多线样式"对话框　　　　　图 2-21　"创建新的多线样式"对话框

单击"新建（N）…"按钮，弹出"创建新的多线样式"对话框。在"新样式名（N）"文本框内输入名称"墙体"，如图 2-21 所示。

单击"继续"按钮，弹出"新建多线样式:墙体"对话框，如图 2-22 所示。

在对话框的"偏移"栏内将"0.5"改为"120"，将"－0.5"改为"－120"。

单击"确定"按钮，退出"多线样式"对话框。

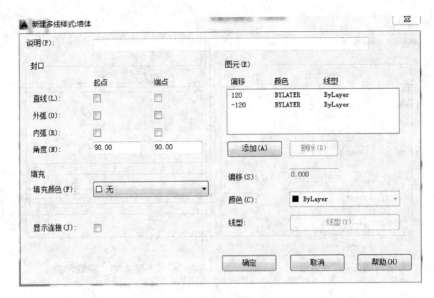

图 2-22　"新建多线样式:墙体"对话框

（2）绘制轴线。执行"直线"和"偏移"命令,绘制轴线,如图 2-23 所示。

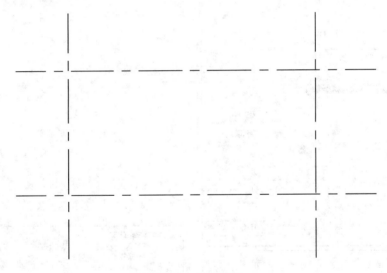

图 2-23　绘制轴线

（3）绘制多线。使用上面已定义的"墙体"的多线样式,以中心对齐的方式和 1∶100 的比例大小绘制多线。

选择"绘图"→"多线"命令,命令行提示如下。

```
指定起点或:[对正(J)/比例(S)/样式(ST)]://输入"J",按回车键
输入对正类型 [上(T)/无(Z)/下(B)]< 上> ://输入"Z",按回车键
指定起点或:[对正(J)/比例(S)/样式(ST)]://输入"S",按回车键
输入多线比例< 20.000000> ://输入"1",按回车键
指定起点或:[对正(J)/比例(S)/样式(ST)]://输入"ST",按回车键
多线样式:? 列出可用样式/ < STANDARD> ://输入"墙体",按回车键
```

44

指定多线起点,绘制多线,如图 2-24 所示。

（4）修剪"多线"。选择执行"修改"→"对象"→"多线"命令,弹出"多线编辑工具"对话框,选择"T 形打开"选项,如图 2-25 所示,单击"关闭(C)"按钮,关闭对话框。

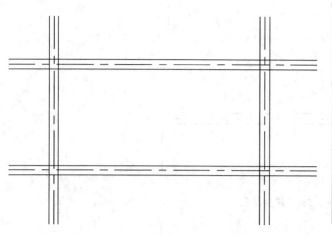

图 2-24　绘制墙线

图 2-25　选择"T 形打开"选项

选择多线的编辑方式后,命令行提示如下。

　　选择第一条多线://定横线的中部
　　指定第二条多线://指定左边的竖线

修剪结果如图 2-26 所示。

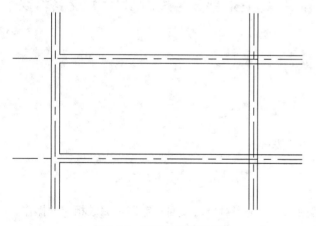

图 2-26　墙线的修剪结果

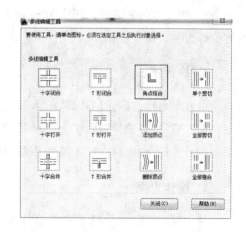

图 2-27　选择"角点结合"选项

（5）修剪墙角。选择"修改"→"对象"→"多线"命令,弹出"多线编辑工具"对话框,选择"角点结合"选项,如图 2-27 所示,单击"关闭(C)"按钮,关闭对话框。

选择了多线的编辑方式之后,命令行提示如下。

　　选择第一条多线://指定横线的中部
　　选择第二条多线://指定左边的竖线

修剪结果如图 2-28 所示。

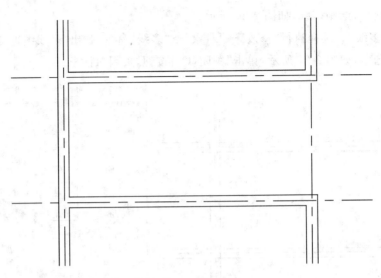

图 2-28　修剪结果

5.2　分解命令

EXPLODE(分解)命令用于将复杂对象分解为各个组成部分,复杂对象包括图块、多段线、多线、填充图案、尺寸等。其中,图块分解为定义图块前的图形;二维多段线分解为直线和圆弧,并失去宽度、切线方向等信息;填充图案分解为一条条直线;尺寸分解为一条条直线、箭头、文字等;多线被分解为一条条直线等。

1. 执行途径

(1) 命令行:"EXPLODE"或"X"。

(2) 菜单栏:选择"修改"→"分解"命令。

(3) 工具栏:在"修改"工具栏中单击"分解"按钮 。

2. 操作说明

执行"分解"命令后,系统要求选择要分解的对象,选中对象后按回车键即可完成相应的操作。

5.3　修剪命令

TRIM(修剪)命令可以修剪切边以外的部分对象,也可以将对象延伸到剪切边。该命令要求先选择作为剪切边的对象,再指定要减去的部分,或者按住 Shift 键选择要延伸的对象。Auto CAD 中的绝大多数对象都可以作为剪切边,能够被修剪的对象为直线、圆弧、圆、椭圆、多段线、辅助线以及样条曲线等。如果要剪去的部分与剪切边不相交,就需要将剪切边设置为"延伸"模式才能进行修剪操作。剪切边默认的模式为"不延伸"模式。选择作为剪切边的对象时,可以选择一个或多个对象,或者按 Shift 键选择全部对象。

1. 执行途径

(1) 命令行:"TEIM"或"TR"。

(2) 菜单栏:选择"修改"→"修剪"命令。

(3) 工具栏:在"修改"工具栏中单击"修剪"按钮 ⊹。

2. 操作说明

以图 2-29 为例说明修剪过程。具体操作步骤如下。

(1) 单击"修改"工具栏中的"修剪"按钮 ⊹,命令行提示如下。

选择对象://即选择剪切边。

(2) 选择两条切线作为剪切边,如图 2-29(b)中所示。

(3) 按回车键结束剪切边的选择,此时命令行的提示如下。

选择要修剪的对象,按住"Shift"键选择要延伸的对象,或 [投影(P)/边(E)/放弃(U)]:

(4) 选择要修剪的对象,如图 2-29(c)所示。

(5) 完成修剪,结果如图 2-29(d)所示。

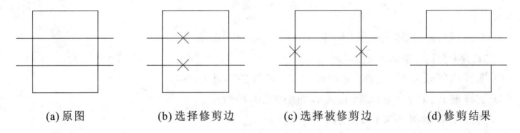

   (a) 原图   (b) 选择修剪边   (c) 选择被修剪边   (d) 修剪结果

图 2-29　修剪操作

5.4　延伸命令

EXTEND(延伸)命令用于延伸指定的对象,使其到达图中所选定的边界。该命令要求先选择作为边界的对象,再指定要延伸的部分或者按住 Shift 键选择要修剪的对象。选择作为边界的对象时,可以选择一个或多个对象或按 Shift 键选择全部对象。边界有"延伸"模式和"不延伸"模式两种模式。在"延伸"模式下,可将对象延伸到与边界或边界的延伸线相交的位置;而在"不延伸"模式下,只能将对象延伸到与边界相交的位置。其中,"不延伸"模式是默认模式。可以被延伸的对象有直线、圆弧、打开的多段线或样条曲线、椭圆弧等,但任何对象均可作为边界。EXTEND(延伸)命令,也可以修剪掉多余的对象,选定的边界就是剪切边。

1. 执行途径

（1）命令行："EXTEND"或"EX"。

（2）菜单栏：选择"修改"→"延伸"命令。

（3）工具栏：在"修改"工具栏中单击"延伸"按钮 。

2. 操作说明

使用"延伸"命令时，如果按 Shift 键的同时选择对象，则执行"修剪"命令。使用"修剪"命令时，如果按 Shift 键的同时选择对象，则执行"延伸"命令。

3. 应用示例

下面通过图 2-30 来说明延伸操作的步骤。在本例中，将直线延伸到一个已经定义的边界。

  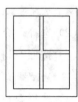

　(a) 原图　　　　(b) 选择延伸边界对象　　(c) 选择要延伸的对象　　　(d) 延伸结果

图 2-30　延伸

（1）单击"修改"工具栏中的"延伸"按钮 ，命令行提示如下。

> "选择对象："//即选择边界对象

（2）选择内部长方形作为延伸边界对象，如图 2-30(b)所示。

（3）选择要延伸的对象（8 条直线），如图 2-30(c)所示。

（4）延伸结果如图 2-30(d)所示。

5.5　删除命令

ERASE(删除)命令用于删除绘图区域内指定的对象。对于不需要的图形在选中后可以删除，如果删除有误，还可以利用有关命令进行恢复。

1. 执行途径

（1）命令行："ERASE"或"E"。

（2）菜单栏：选择"修改"→"删除"命令。

（3）工具栏：在"修改"工具栏中单击"删除"按钮 。

2. 操作说明

选择"删除"命令后，此时屏幕上的十字光标将变为一个拾取框，用户选择要删除的对象，然后按回车键或空格键结束对象选择，选择的对象即被删除。按照"先选择实体，再调用命令"的顺序也可将对象删除。删除对象最快的方法是:先选择对象,然后按 Delete 键。

工程实际操作 2-3

根据本课题所学内容,开始学习绘制图 2-1 中相对应部分的内容。

(1) 打开"图层"工具栏,单击"图层特性管理器"命令按钮,弹出"图层特性管理器"对话框,将当前图层设置为"墙体"图层。

(2) 选择"格式"→"多线样式"命令,分别创建"200"和"300"的多线样式。其中,在"200"中,将"图元"中的元素偏移量设为"100"和"−100";在"300"中,将"图元"中的元素偏移量设为"150"和"−150"。

(3) 选择"绘图"→"多线"命令,根据命令按钮的提示将对齐方式设置为"无",将多线比例设置为"1",将样式名设置为"300"。然后根据图纸,在辅助线网格(轴线)中绘制墙体。

(4) 使用"多线编辑工具"对已绘制完成的墙体进行修剪,或者是将所有的多线墙体分解后用"修剪"和"延伸"命令来修改其他墙体,使得修剪后的全部墙体都是光滑连贯的,其结果如图 2-31 所示。

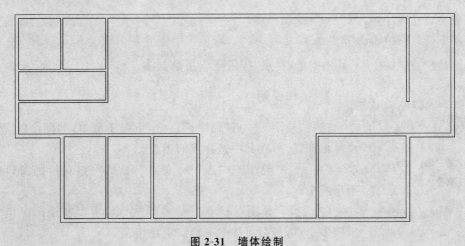

图 2-31　墙体绘制

(5) 使用"直线"与"修剪"命令,在已绘制完成的墙体中修剪出门窗洞口,其结果如图 2-32 所示。

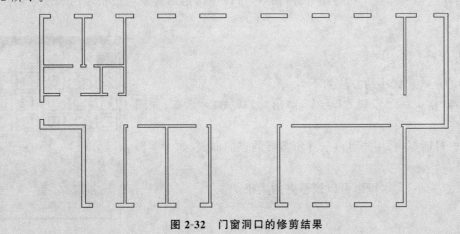

图 2-32　门窗洞口的修剪结果

课题 **6** 绘制门窗与柱子

6.1　点的命令

POINT（点）命令用于在指定位置放置一个点的符号。点符号是对象。点符号有 20 个，故花店之前应先用 DDPTYPE（点样式）命令设置一种符号及符号的大小。

1．执行途径

（1）命令行："POINT"或"PO"（绘制单点）。

（2）菜单栏：选择"绘图"→"点"命令。

（3）工具栏：在"绘图"工具栏中单击"点"按钮 ·（可绘制多点）。

2．操作说明

	单点(S)
·	多点(P)
↗ₙ	定数等分(D)
↗	定距等分(M)

图 2-33　绘制点命令菜单

选择"绘图"→"点"命令后，弹出下级子菜单，如图 2-33 所示，用户可根据需要，在其中选择点的类型。

（1）选择"绘图"→"点"→"单点"命令，可以在绘图窗口中一次指定一个点。

（2）选择"绘图"→"点"→"多点"命令，可以在绘图窗口中一次指定多个点，最后可按 Esc 键结束操作。

（3）选择"绘图"→"点"→"定数等分"命令，可以在指定的对象上绘制等分点或者在等分点处插入块。

（4）选择"绘图"→"点"→"定距等分"命令，可以在指定的对象上按指定的长度绘制点或者插入块。

3．点的形式和大小

调整点的形式和大小的方法如下。

（1）选择"格式"→"点样式"命令，弹出"点样式"对话框，如图 2-34 所示。

（2）在该对话框中，用户可以选择所需要的点的形式（如十字形点等）。

（3）在"点大小"文本框内可以调整点的大小。

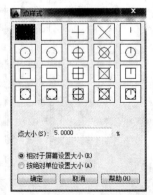

图 2-34　"点样式"对话框

6.2　矩形命令

RECTANG(矩形)命令通过两对角点或指定长和宽画出矩形。这样的矩形是闭合的多段线,并且是一个对象。矩形可以有倒角或圆角,边还可以有粗细之分等。

1. 执行途径

(1)命令行:"RECTANG"或"REC"。

(2)菜单栏:选择"绘图"→"矩形"命令。

(3)工具栏:在"绘图"工具栏中单击"矩形"按钮□。

2. 操作说明

执行绘制矩形的命令后,命令行提示如下。

选取方形的第一点或[倒角(C)/标高(E)/圆角(F)/厚度(T)/宽度(W)]:

命令行中各选项的含义如下。

(1)选取方形的第一点:该选项用于确定矩形的第一角点。执行该选项后,输入另一角点,即可直接绘制一个矩形,如图2-35(a)所示。

(2)倒角(C):该选项用于确定矩形的倒角,图2-35(b)所示的是带倒角的矩形。

(3)圆角(F):该选项用于确定矩形的圆角,图2-35(c)所示的是带圆角的矩形。

(4)宽度(W):该选项用于确定矩形的线宽,图2-35(d)所示的是具有宽度信息的矩形。

(5)选项标高(E)和厚度(T)分别用于在三维绘图时设置矩形的基面位置和高度。

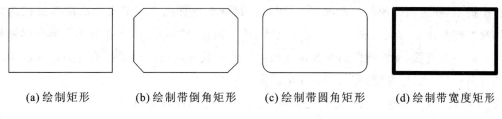

(a) 绘制矩形　　(b) 绘制带倒角矩形　　(c) 绘制带圆角矩形　　(d) 绘制带宽度矩形

图 2-35　使用"矩形"命令绘制图形

6.3　圆弧命令

ARC(圆弧)命令用于绘制圆弧。根据画弧的已知条件不同,Auto CAD提供了11种方式。可不必拘泥于何种方式,只要按ARC(圆弧)命令的提示输入已知条件,就能画出圆弧。

1. 执行途径

(1)命令行:"ARC"或"A"。

（2）菜单栏：选择"绘图"→"圆弧"命令。

（3）工具栏：在"绘图"工具栏中单击"圆弧"按钮 。

图 2-36　"圆弧"菜单

2. 操作说明

从下拉菜单执行画圆弧的操作最为直观。图 2-36 所示的是画圆弧的菜单，用户可以根据需要选择不同的画圆弧方式。各方式详细介绍如下。

（1）三点（P）：通过给定的 3 个点绘制一段圆弧，此时应指定圆弧的起点、通过的第 2 个点和端点。

（2）起点、圆心、端点（S）：通过指定圆弧的起点、圆心和端点绘制圆弧。

（3）起点、圆心、角度（T）：通过指定圆弧的起点、圆心和角度绘制圆弧。使用"起点、圆心、角度"命令绘制圆弧时，在命令行中"指定包含角："提示后所输入的角度值的正负将影响到所绘制圆弧的方向。如果当前环境设置逆时针为正的角度方向，若输入的是正的角度值，则沿逆时针方向绘制圆弧；若输入负的角度值，则沿顺时针方向绘制圆弧。

（4）起点、圆心、长度（A）：通过指定圆弧的起点、圆心和长度绘制圆弧。

（5）起点、端点、角度（N）：通过指定圆弧的起点、端点和角度绘制圆弧。

（6）起点、端点、方向（D）：通过指定圆弧的起点、端点和方向绘制圆弧。

（7）起点、端点、半径（R）：通过指定圆弧的起点、端点和半径绘制圆弧。使用该命令时，当命令行中提示"指定圆弧的起点切向："时，可以通过拖动鼠标的方式动态地确定圆弧在起始点处的切线方向与水平方向的夹角。具体方法为：拖动鼠标，AutoCAD 会在当前光标与圆弧起始点之间形成一条直线，此直线即为圆弧在起始点处的切线。通过拖动鼠标确定圆弧在起始点处的切线方向后单击鼠标左键，即可得到相应的圆弧。

（8）圆心、起点、端点（C）：通过指定圆弧的圆心、起点和端点绘制圆弧。

（9）圆心、起点、角度（E）：通过指定圆弧的圆心、起点和角度绘制圆弧。

（10）圆心、起点、长度（L）：通过指定圆弧的圆心、起点和长度绘制圆弧。

（11）继续（O）：当执行"圆弧"命令，并在命令行中"指定圆弧的起点或［圆心（C）］："提示下直接按回车键，系统将以上一次绘制的线段或圆弧过程中确定的最后一点作为新圆弧的起点，以上一次所绘制的线段方向或圆弧终止点处的切线方向为新圆弧在起始点处的切线方向，然后再指定一点，就可以绘制出一段圆弧。

3. 特别提示

（1）有些圆弧不适合用 ARC 命令绘制，而适合用 CIRCLE（图）命令结合 TRIM（修剪）命令生成。

（2）AutoCAD 采用逆时针绘制圆弧。

6.4　倒角命令

CHAMFER(倒角)命令可以对两条不平行的直线或一条多段线进行倒角处理。该命令按第一个倒角距离修剪或延伸第一条线,按第二个倒角距离修剪或延伸第二条线,最后用直线连接两端点。倒角时的多余的线段可以切除,也可以保留,由"修剪"模式或"不修剪"模式来决定。若倒角距离为零,则两条线相交于一点;或者在选择第二条直线的同时按 Shift 键,用"0"来代替当前的倒角距离。该命令还可以用一个倒角距离和一个角度来进行倒角处理,以及可以连续用不同的倒角距离对多组对象进行做倒角处理,或者放弃已进行的倒角处理。

1．执行途径

（1）命令行:"CHAMFER"或"CHA"。

（2）菜单栏:选择"修改"→"倒角"命令。

（3）工具栏:在"修改"工具栏中单击"倒角"按钮 ⟂。

2．操作说明

（1）单击"修改"工具栏中的"倒角"按钮 ⟂,此时命令行提示如下。

选择第一条直线或[放弃(U)/多段线(P)/距离(D)/角度(A)/修剪(T)/方式(E)/多个(M)]://输入 D
指定第一个倒角距离< 0.000> ://输入距离
指定第二个倒角距离< 0.000> ://输入距离

（2）按回车键,重新进入"修剪"命令状态。

6.5　圆角命令

FILLET(圆角)命令利用给定半径的圆弧分别与指定目标相切。指定目标可以是直线、圆、圆弧、椭圆、椭圆弧、多段线、样条曲线或构造线等。指定目标上的端点不到切点时将自动延长,超过切点的部分将被切除,也可以保留不变,这些操作由"修剪"模式和"不修剪"模式来控制。当半径为 0 时,将使两对象准确相交,修成尖角;当半径不为 0 时,按 Shift 键的同时再选择第二个对象也能修成尖角。FILLET(圆角)命令也可以对两条平行线进行圆弧连接。对于两个圆进行圆弧连接时,只绘制圆弧与之相切,不修剪圆。在命令的执行过程中,可以连续使用不同半径对多组对象进行圆角处理。如果选错了对象,不用退出命令,选择"放弃(U)"选项就可取消这一次圆角处理,然后再继续对其他对象进行操作。

1. 执行途径

（1）命令行："FILLET"或"F"。

（2）菜单栏：选择"修改"→"圆角"命令。

（3）工具栏：在"修改"工具栏中单击"圆角"按钮　。

2. 操作说明

（1）单击"修改"工具栏中的"圆角"按钮　，此时命令行提示如下。

选择第一个对象或[放弃(U)/多段线(P)/半径(R)/修剪(T)多个(M)]：

（2）输入"R"（半径），按回车键，输入圆角半径。

（3）按回车键重新进入"修剪"命令状态。

工程实际操作 2-4

根据本课题所学内容，开始学习绘制图 2-1 中相对应部分的内容。

（1）打开"图层"工具栏，单击"图层特性管理器"命令按钮，弹出"图层特性管理器"对话框，将当前图层设置为"柱子"图层。

（2）选择"绘图"→"矩形"命令，对照图纸绘制完成柱子并进行填充，结果如图 2-37 所示。

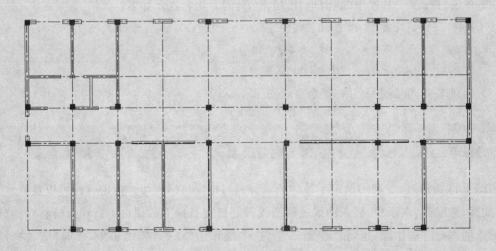

图 2-37　绘制框架柱

（3）打开"图层"工具栏，单击"图层特性管理器"命令按钮，弹出"图层特性管理器"对话框，将当前图层设置为"门窗"图层。

（4）使用"直线"或"多线"命令对照图纸对门窗进行绘制，结果如图 2-38 所示。

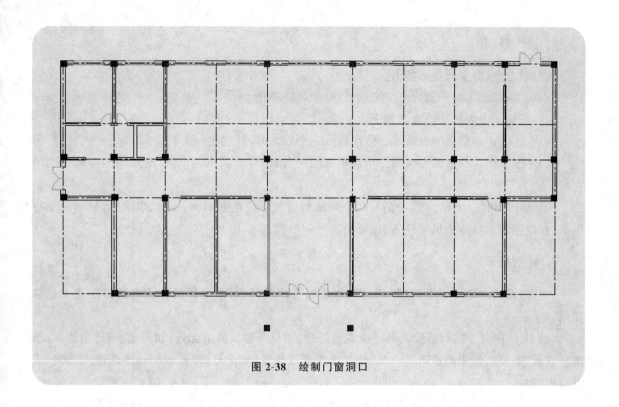

图 2-38　绘制门窗洞口

课题 **7** 绘制楼梯和台阶

　　室外台阶是设在建筑物出入口的辅助配件,由平台和踏步组成。一般建筑物多采用台阶,用于解决建筑物室内外的高差问题。

　　楼梯是建筑物中作为楼层间垂直交通用的构件,用于楼层之间和高差较大时的交通联系。楼梯是多层和高层建筑中除电梯外必需的垂直交通设施,在设计和施工中要求楼梯不仅有足够的通行能力和疏散能力,而且要坚固、耐久、防火、安全和美观。

7.1　圆命令

　　CIRCLE(圆)命令使用各种方法来绘制圆。这些方法包括过三点或两点画圆,已知圆心、半径或直径绘制圆,以及绘制与两个或三个对象相切的公切圆等。

1. 执行途径

(1) 命令行:"CIRCLE"或"C"。

(2) 菜单栏:选择"绘图"→"圆"命令。

(3) 工具栏:在"绘图"工具栏中单击"圆"按钮 ◉。

2．操作说明

执行圆命令，命令行提示如下。

指定圆的圆心或[三点(3P)/两点(2P)/相切、相切、半径(T)]：

命令行提示中各选项的含义如下。

(1) 三点(3P)：根据三点画圆。依次输入三个点，即可绘制出一个圆。

(2) 两点(2P)：根据两点画圆。依次输入两个点，即可绘制出一个圆，两点间的距离为圆的直径。

(3) 相切、相切、半径(T)：绘制与两个对象相切且半径已知的圆。输入"T"后，根据命令行提示，指定相切对象并给出半径后，即可绘制出一个圆。

3．特别提示

(1) 相切的对象可以是直线、圆、圆弧、椭圆等图线，这种绘制圆的方式在圆弧连接中经常使用。

(2) 用户在命令提示后输入半径或者直径时，如果所输入的值无效，如英文字母、负值等，系统将显示"需要数值距离或第二点"、"值必须为正且非零"等信息，并提示用户重新输入数值，或者退出该命令。

(3) 使用"相切、相切、半径"命令时，系统总是在距离拾取点最近的部位绘制相切的圆。因此，拾取相切对象时，所拾取的位置不同，最后得到的结果有可能也不同。

7.2　多段线命令

PLINE(多段线)命令用于绘制二维多段线。多段线是作为单个对象创建的相互连接的序列线段，可以创建直线段、弧线段或二者的组合线段。多段线中的线条可以设置成不同的线宽以及不同的线型，具有很强的实用性。

1．执行途径

(1) 命令行："PLINE"或"PL"。

(2) 菜单栏：选择"绘图"→"多段线"命令。

(3) 工具栏：在"绘图"工具栏中单击"多段线"按钮 ⤵。

2．操作说明

单击"多段线"按钮 ⤵，命令行提示如下。

指定起点：//键盘或鼠标输入起点
当前线宽为 0.000
指定下一点或[圆弧(A)/闭合(C)/半宽(H)/长度(L)/放弃(U)/宽度(W)]：

(1) 圆弧(A)：该选项使 PLINE 命令由绘制直线方式变为绘制圆弧方式，并给出绘制圆弧的提示。

（2）闭合（C）：执行该选项，系统从当前点到多段线的起点以当前宽度画一条直线，构成封闭的多段线，并结束 PLINE 命令的执行。

（3）半宽（H）：该选项用于确定多段线的半宽度。

（4）长度（L）：该选项用于确定多段线的长度。

（5）放弃（U）：该选项可以删除多段线中刚绘制出的直线段（或圆弧段）。

（6）宽度（W）：该选项用于确定多段线的宽度，操作方法与半宽度选项类似。

3．应用示例

利用"多段线"命令绘制图 2-39 中的图形。具体操作步骤如下。

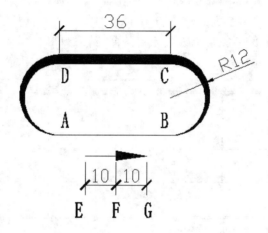

图 2-39　使用"多段线"命令绘制图形

（1）在"绘图"工具栏中单击"多段线"按钮 。

（2）在绘图窗口中单击 A 点，绘制 AB 线段。

（3）输入 W（设置线宽）。

（4）输入 0（设置起点宽度）。

（5）输入 3（设置终点宽度）。

（6）输入 A（开始绘制圆弧），输入点 C，绘制半圆。

（7）输入 L（切换到绘制直线模式），绘制 CD 线段。

（8）输入 W（设置线宽）。

（9）输入 3（设置起点宽度）。

（10）输入 0（设置终点宽度）。

（11）输入 A（开始绘制圆弧），输入点 A，绘制半圆使图形封闭。

（12）重复执行 PLINE 命令，输入 EF 线段。

（13）输入 W（设置线宽）。

（14）输入 3（设置起点宽度）。

（15）输入 0（设置终点宽度），输入 G 点，完成箭头的绘制。

（16）关闭绘图窗口，并保存绘制的图形。

4. 特别提示

（1）利用 PLINE 命令可以绘制不同宽度的直线、圆和圆弧。但在实际绘制工程图时，不是利用 PLINE 命令在屏幕上绘制具有宽度信息的图形，而是利用 LINE、ARC、CIRCLE 等命令绘制不具有（或具有）宽度信息的图形。

（2）多段线是否填充，受 FILL 命令的控制。执行 FILL 命令，输入 OFF，即可使填充处于关闭状态。

工程实际操作 2-5

根据本课题所学内容，开始学习绘制图 2-1 中相对应部分的内容。

（1）打开"图层"工具栏，单击"图层特性管理器"命令按钮，弹出"图层特性管理器"对话框，将当前图层设置为"其他"图层。

（2）对照图纸完成楼梯、阳台以及散水的绘制，结果如图 2-40 所示。

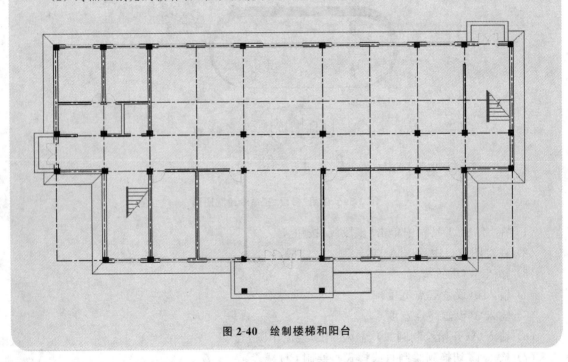

图 2-40　绘制楼梯和阳台

课题 8　尺寸标注

尺寸是工程图中不可缺少的一项内容，工程图中的图形只用来表示工程形体的形状，而工程形体的大小是要依靠尺寸来说明的，所以工程图中的尺寸必须标注得正确、完整、清晰、合理。

工程图中的尺寸包括：尺寸界线、尺寸线、尺寸起止符号、尺寸数字等四个要素，如图2-41所示。

工程图中的尺寸标注必须符合制图标准。目前，各国的制图标准有许多不同之处，我国各行业制图标准中对尺寸标注的要求也不完全相同。AutoCAD是一个通用的绘图软件包，它允许用户根据自身需要自行创建尺寸标注样式。所以在AutoCAD中标注尺寸，首先应根据制图标准创建所需要的尺寸标注样式。尺寸标注样式控制尺寸的四要素，即尺寸界线、尺寸线、尺寸起止符号、尺寸数字的外观与方式。因此，本课题将直接介绍如何使用"尺寸标注样式管理器"对话框来创建和修改尺寸标注样式，以及怎样进行尺寸标注。

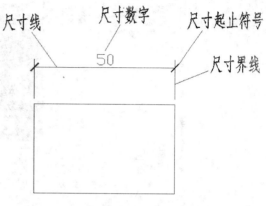

图2-41　尺寸标注的四个要素

8.1　设置标注样式

Auto CAD可标注直线尺寸、角度尺寸、直径尺寸、半径尺寸等。

1. 执行方式

(1) 命令行："DIMSTYLE"、"DDIM"或"D"。

(2) 菜单栏：选择"标注"→"样式"命令或选择"格式"→"标注样式"命令。

(3) 工具栏：在"标注"工具栏中单击"标注样式"按钮 。

2. 操作说明

"标注"工具栏是进行尺寸标注时输入命令的最快捷方式，所以在绘制工程图进行尺寸标注时应将该工具条放在绘图区旁，如图2-42所示。

图2-42　"标注"工具栏

执行"标注样式"命令后，弹出"标注样式管理器"对话框，如图2-43所示。

3. "标注样式管理器"对话框简介

创建新的尺寸标注样式时应首先理解和掌握"标注样式管理器"对话框中各选项的含义。"标注样式管理器"对话框的主要功能包括：预览尺寸标注样式、创建新的尺寸标注样式、修改已有的尺寸标注样式、设置一个尺寸标注样式的替代、设置当前的尺寸标注样式、比较尺寸标注样式、重命名尺寸标注样式和删除尺寸标注样式等。

图 2-43　"标注样式管理器"对话框

在"标注样式管理器"对话框中，"当前标注样式"栏用于显示当前的尺寸标注样式。"样式（S）"列表框中用于显示图形中所有的尺寸标注样式。用户在"样式（S）"列表框中选择了合适的标注样式后，单击"置为当前（U）"按钮，即可将选择的样式置为当前使用的样式。

单击"新建（N）…"按钮，弹出"新建标注样式"对话框。该对话框用于对新建的标注样式进行设置；单击"修改（M）…"按钮，弹出"修改标注样式"对话框，该对话框用于修改当前尺寸标注样式的设置；单击"替代（O）…"按钮，弹出"替代当前样式"对话框，在该对话框中，用户可以设置临时的尺寸标注样式，用于替代当前尺寸标注样式的相应设置。

4. "创建新标注样式"对话框简介

单击"标注样式管理器"对话框中的"新建（N）…"按钮，弹出如图 2-44 所示的"创建新标注样式"对话框。

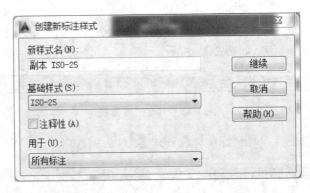

图 2-44　"创建新标注样式"对话框

在"新样式名（N）"文本框中可以设置新创建的尺寸标注样式的名称；在"基础样式（S）"下拉列表框中可以选择新创建的尺寸标注样式的模板；在"用于（U）"下拉列表框中可以指定新创建的尺寸标注样式将用于哪些类型的尺寸标注。

单击"继续"按钮将关闭"创建新标注样式"对话框,并弹出如图 2-45 所示的"新建标注样式"对话框,用户可以在该对话框的各选项卡中设置相应的参数,设置完成后单击"确定"按钮,返回"标注样式管理器"对话框,在"样式"列表框中可以看到新建的标注样式。

图 2-45 "新建标注样式"对话框

5. "新建标注样式"对话框各选项卡简介

1)"线"选项卡

"线"选项卡由"尺寸线"和"尺寸界线"两个选项组组成,如图 2-46 所示。该选项卡用于设置尺寸线、尺寸界线以及中心标记的特性等,以控制尺寸标注的集合外观。

(1) 在"尺寸线"选项组中,"颜色(C)"下拉列表框用于设置尺寸线的颜色;"线宽(G)"下拉列表框用于设置尺寸线的宽度;"超出标记(N)"微调框用于设定使用倾斜尺寸界线时尺寸线超出尺寸界线的距离;"基线间距(A)"微调框用于设定使用基线标注时各尺寸线间的距离;"隐藏"及其复选框用于控制尺寸线的显示;"尺寸线 1(M)"复选框用于控制第 1 条尺寸线的显示;"尺寸线 2(D)"复选框用于控制第 2 条尺寸线的显示。

(2) 在"尺寸界线"选项组中的"颜色(R)"下拉列表框用于设置尺寸界线的颜色;"线宽(W)"下拉列表框用于设定尺寸界线的宽度;"超出尺寸线(X)"微调框用于设定尺寸界线超出尺寸线的距离;"起点偏移量(F)"微调框用于设置尺寸界线相对于尺寸界线起点的偏移距离;"隐藏"及其复选框用于设置尺寸界线的显示;"尺寸界线 1(1)"复选框用于控制第 1 条尺寸线的显示;"尺寸界线 2(2)"复选框用于控制第 2 条尺寸线的显示;"固定长度的尺寸界线(O)"复选框可以在"标注样式"对话框中为尺寸界线指定固定的长度。

2)"符号和箭头"选项卡

"符号和箭头"选项卡主要由"箭头"、"圆心标记"、"弧长符号"和"半径折弯标注"等四个选项组组成,如图 2-47 所示。

在"箭头"选项组中,三个下拉列表框用于选定表示尺寸线端点的箭头的外观形式。其中,

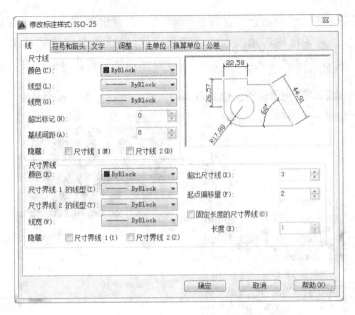

图 2-46 "新建标注样式"对话框

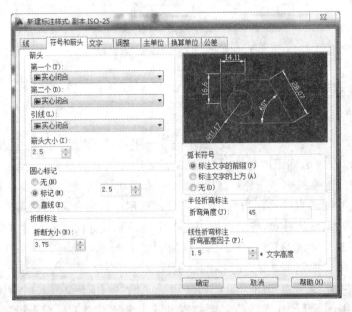

图 2-47 "符号和箭头"选项卡

"第一个(T)"下拉列表框和"第二个(D)"，下拉列表框列出了常见的箭头形式；"引线(L)"下拉列表框中列出了尺寸线引线部分的形式；"箭头大小(I)"微调框用于设定箭头相对于其他尺寸标注元素的大小。

"圆心标记"选项组的作用是在标注半径和直径尺寸时，可以控制中心线和中心标记的外观。选项组中的三个单选按钮用于设置中心标记的形式。其中，选择"标记(M)"选项，可对圆或圆弧绘制圆心标记；选择"直线(E)"选项，可对圆或圆弧绘制中心线；选择"无(N)"选项，则没有任何标记。当选择"标记(M)"或"直线(E)"单选按钮时，可在"大小"微调框中调置圆心标记的大小。

"弧长符号"选项组用于控制弧长符号的放置位置。弧长符号放在标注文字的前面或上方。

"半径折弯标注"选项组的"折弯角度(J)"文本框中,可以设置标注圆弧半径时标注线折弯角度的大小。

3)"文字"选项卡

"文字"选项卡由"文字外观"、"文字位置"和"文字对齐"等三个选项组组成,如图 2-48 所示。该选项卡主要用于设置标注文字的格式、位置及对齐方式等特性。

图 2-48 "文字"选项卡

"文字外观"选项组中可以设置标注文字的格式和大小。"文字样式(Y)"下拉列表框用于设置标注文字所用的样式,单击下拉列表框后面的按钮,将弹出"文字样式"对话框,该对话框的使用在前面已经讲解过,这里不再赘述。"文字颜色(C)"下拉列表框用于设置标注文字的颜色;"文字高度(T)"微调框用于设置当前标注文字样式的高度;"分数高度比例(H)"微调框用于设置分数尺寸文本的相对字高度系数;"绘制文字边框(F)"复选框用于控制是否在标准文字四周画一个框。

"文字位置"选项组中可以设置标注文字的位置。"垂直(V)"下拉列表框用于设置标注文字沿尺寸线在垂直方向的对齐方式;"水平(Z)"下拉列表框用于设置标注文字沿尺寸线和尺寸界线在水平方向上得到对齐方式;"从尺寸线偏移(O)"微调框用于设置文字与尺寸线的间距。

"文字对齐(A)"选项组中可以设置标注文字的方向。"水平"单选按钮表示标注文字沿水平线放置;"与尺寸线对齐"单选按钮表示标注文字沿尺寸线方向放置;"ISO 标准"单选按钮表示当标注文字在尺寸界线之间时,沿尺寸线的方向放置,当标注文字在尺寸界线外侧时,则水平放置标注文字。

4)"调整"选项卡

如图 2-49 所示的是"调整"选项卡,其主要用来调整各尺寸要素之间的相对位置。"调整"选项卡由"调整选项(F)"、"文字位置"、"标注特征比例"、"优化(T)"等四个选项组组成。

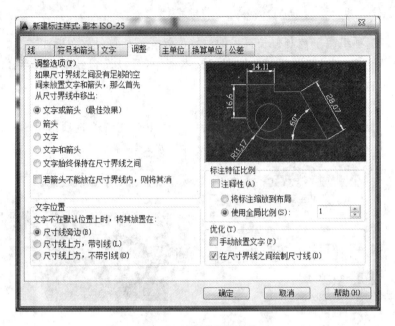

图 2-49　"调整"选项卡

"调整选项(F)"选项组用于确定在何处绘制箭头和尺寸数字。该选项组包括五个单选按钮和一个复选框，依次介绍如下。

（1）"文字或箭头（最佳效果）"单选按钮：该选项将根据两尺寸界线间的距离，以适当方式放置尺寸数字与箭头。

（2）"箭头"单选按钮：选择该选项时，如果空间允许，就将尺寸数字与箭头都放在尺寸界线内；如果尺寸数字与箭头二者仅能够放其中一种，则将尺寸箭头放在尺寸界线内，尺寸数字放在尺寸界线外；若尺寸箭头也能放在尺寸界线内，则将尺寸数字与箭头都放在尺寸界线外。

（3）"文字"单选按钮：选择该选项时，如果空间允许，就将尺寸数字与箭头都放在尺寸界线内；如果箭头与尺寸数字二者仅能够放其中一种，则将尺寸数字放在尺寸界线内，将箭头放在尺寸界线外；若尺寸数字不足以放在尺寸界线内，则将尺寸数字与箭头都放在尺寸界线外。

（4）"文字和箭头"单选按钮：选择该选项时，如果空间允许，就将尺寸数字与箭头都放在尺寸界线之内，否则，都放在尺寸界线之外。

（5）"文字始终保持在尺寸界线之间"单选按钮：选择该选项时，任何情况下都将尺寸数字放在两尺寸界线之中。

（6）"若箭头不能放在尺寸界线内，则将其消除"复选框：选择该复选框时，如果空间不够，就省略箭头。

"文字位置"选项组共有三个单选按钮，依次介绍如下。

（1）"尺寸线旁边(B)"单选按钮：选中该按钮时，如果尺寸数字不在默认位置，则在尺寸线旁放尺寸数字，如图 2-50(a)所示。

（2）"尺寸线上方，带引线(L)"单选按钮：选中该按钮时，如果尺寸数字不在默认位置，并且尺寸数字与箭头都不足以放到尺寸界线内，则可以移动鼠标绘制出一条引线标注尺寸数字，如图 2-50(b)所示。

（3）"尺寸线上方，不带引线(O)"单选按钮：选中该按钮时，如果尺寸数字不在默认位置，并且尺寸数字与箭头都不足以放到尺寸界线内,则不画出引线,如图2-50(c)所示。

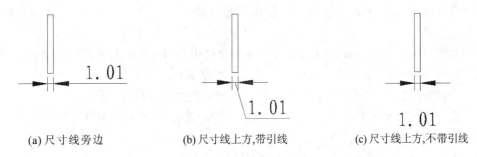

(a) 尺寸线旁边　　　　(b) 尺寸线上方,带引线　　　　(c) 尺寸线上方,不带引线

图 2-50　"文字位置"功能示例

"标注特征比例"选项组共有两个操作项,依次介绍如下。

(1)"将标注缩放到布局"单选按钮:该选项用于控制是在图纸空间还是在当前模型空间,视窗上使用整体比例系数。

(2)"使用全局比例(S)"单选按钮:该选项用于设定整体比例系数。选择该选项,则尺寸标注样式中所有尺寸四要素的大小及偏移量的尺寸标注变量都会乘以整体比例系数。整体比例系数的默认值为"1",其值可以在文本框中设定。

"优化"选项组共有两个操作项,依次介绍如下。

(1)"手动放置文字(P)"复选框:选择该复选框,则 AutoCAD 允许自行指定尺寸数字的位置。

(2)"在尺寸界线之间绘制尺寸线(D)"复选框:该复选框用于控制尺寸箭头在尺寸界线外时,两个尺寸界线之间是否画线。选中该复选框则画线,否则不画线。

5)"主菜单"选项卡

"主菜单"选项卡用于设置单位的格式及精度,同时还可以设置标注文字的前缀和后缀,如图 2-51 所示。

图 2-51　"主菜单"选项卡

在"线性标注"选项组中可设置线性标注的单位格式及精度。

（1）"单位格式（U）"下拉列表框用于设置所有尺寸标注类型（除角度标注外）的当前单位格式。

（2）"精度（P）"下拉列表框用于设置在十进制单位下用多少小数位来显示标注文字。

（3）"分数格式（M）"下拉列表框用于设置分数的格式。

（4）"小数分隔符（C）"下拉列表框用于设置小数格式的分隔符号。

（5）"舍入（R）"微调框用于设置所有尺寸标注类型（除角度标注外）的测量值的取整规则。

（6）"前缀（X）"微调框用于对标注文字加上一个前缀。

（7）"后缀（S）"微调框用于对标注文字加上一个后缀。

"测量单位比例"选项组用于确定测量时的缩放系数。按不同比例绘图时，该选项组可以实现直接标注出实际物体的大小。例如，若绘图时将尺寸缩小二分之一来绘制，即绘图比例为1∶2时，可设置"比例因子（E）"为2，AutoCAD 2014就会将测量值扩大一倍，使用真实的尺寸值进行标注。"仅应用到布局标注"复选框用于确定是否将比例因子用于布局中的尺寸。

"角度标注"选项组用于设置角度标注的角度格式。

"消零"选项组用于控制是前导清零还是后继清零。

6）"换算单位"选项卡

如图 2-52 所示的是"换算单位"选项卡，它主要用来设置换算尺寸单位的格式和精度并设置尺寸数字的前缀和后缀，其各操作项与"主单位"选项卡的同类项基本相同，在此不再详细介绍。

图 2-52 "换算单位"选项卡

7）"公差"选项卡

如图 2-53 所示的是"公差"选项卡，其主要用于控制尺寸公差的标注形式、公差值大小及公差数字的高度及位置等。该对话框的主要应用部分是左边区域，该区域主要有八个操作项，依次介绍如下。

"方式（M）"下拉列表框用于设置公差的标注方式。其中，包括了五个选项："无"（表示无公

图 2-53 "公差"选项卡

差标注)、"对称"(表示上下偏差同值标注)、"极限偏差"(表示上下偏差不同值标注)、"极限尺寸"(表示用上下极限值标注)、"基本尺寸"(表示要在尺寸数字上加上一个矩形框)。

"精度(P)"下拉列表框:用于指定公差值小数点后保留的位数。

"上偏差(V)"文本框:用于输入尺寸的上偏差值。

"下偏差(W)"文本框:用于输入尺寸的下偏差值。

"高度比例(H)"文本框:用于设定尺寸公差数字的高度。该高度是由尺寸公差数字字高与基本尺寸数字高度的比值来确定的。例如,"0.7"这个值使公差数字字高为基本尺寸数字高度的 0.7 倍。

"垂直位置(S)"下拉列表框:用于控制尺寸公差相对于基本尺寸的位置。其包括三个操作项:"上"(尺寸公差数字顶部与基本尺寸顶部对齐)、"中"(尺寸公差数字中部与基本尺寸中部对齐)、"下"(尺寸公差数字底部与基本尺寸底部对齐)。

"前导(D)"复选框:用于控制是否显示尺寸公差值中的前导"0"。

"后续(N)"复选框:用于控制是否显示尺寸公差值中的后续"0"。

6. 设置三种常用尺寸标注样式

在绘制工程图中,通常都有多种标注尺寸的形式,要提高绘图速度,应将绘图中的所有的尺寸标注都一一创建为尺寸标注样式,然后再回到图中标注尺寸时则只需调用所需的尺寸标注样式,从而避免了尺寸变量的反复设置,并且便于修改。

工程图中常用的三种尺寸标注样式为:直线形尺寸标注样式、圆心尺寸标注样式、角度形尺寸标注样式。下面详细介绍如何创建这三种常标注样式。具体的操作步骤如下。

1) 直线形尺寸标注样式

单击"标注样式"按钮 ，在弹出的"标注样式管理器"对话框中单击"新建"按钮,然后在弹出的"创建新标注样式"对话框中给所设置的标注样式命名，单击"继续"按钮，将弹出"新建标注样式"对话框，其中各选项卡设置如下。

"线"选项卡：设置"基线间距（A）"为"8"、"超出尺寸线（X）"为"3"、"起点偏移量（F）"为"2"，如图 2-54 所示。

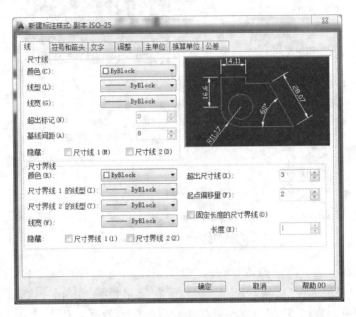

图 2-54　设置"线"选项卡

"符号和箭头"选项卡：设置"第一个（T）"和"第二个（D）"为"建筑标记"，"箭头大小（I）"为"3"；其余选项使用默认值，如图 2-55 所示。

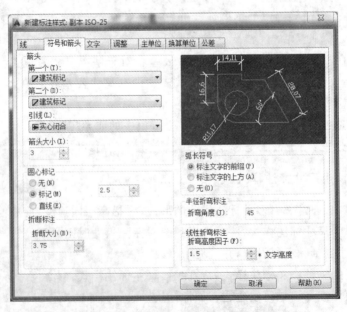

图 2-55　设置"符号和箭头"选项卡

"文字"选项卡:设置"文字高度(T)"为"3.5";"从尺寸新偏移(O)"为"1";选中"与尺寸线对齐"单选框,如图 2-56 所示。

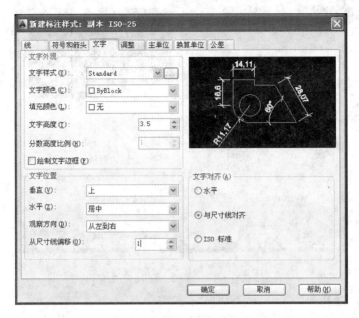

图 2-56　设置"文字"选项卡

"调整"选项卡:设置"使用全局比例(S)"为"100",与绘图比例一致,如图 2-57 所示。

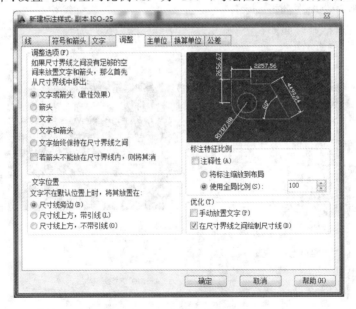

图 2-57　设置"调整"选项卡

"主单位"选项卡:设置"精度(P)"为"0",如图 2-58 所示。

"换算单位"选项卡:选项使用默认值。

"公差"选项卡:选项使用默认值。

单击"确定"按钮,关闭对话框,完成设置。

图 2-58　　设置"主单位"选项卡

2）圆心尺寸标注样式

单击"标注样式"按钮，在弹出的"标注样式管理器"对话框中单击"新建"按钮，然后在弹出的"创建新标注样式"对话框中给所设置的标注样式命名，单击"继续"按钮，将弹出"新建标注样式"对话框，其中各选项卡的设置如下。

"线"选项卡：设置"基线间距（A）"为"8"、"超出尺寸线（X）"为"3"、"起点偏移量（F）"为"2"，如图 2-59 所示。

图 2-59　设置"线"选项卡

"符号和箭头"选项卡：设置"箭头大小"(I)为"3"；其余选项使用默认值，如图 2-60 所示。

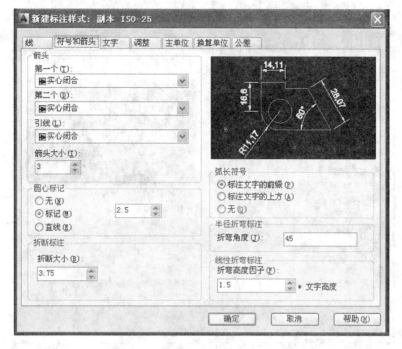

图 2-60　设置"符号和箭头"选项卡

"文字"选项卡：设置"文字高度(T)"为"3.5"；"从尺寸新偏移(O)"为"1"；选中"ISO 标准"单选框，如图 2-61 所示。

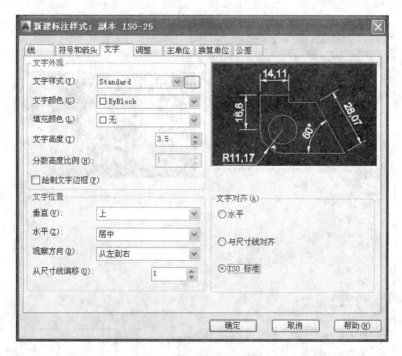

图 2-61　设置"文字"选项卡

"调整"选项卡：选中"箭头"单选框、选中"手动放置文字（P）"复选框，设置"使用全局比例（S）"文本框为"100"，与绘图比例一致，如图 2-62 所示。

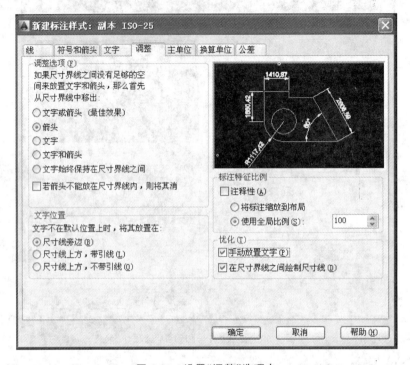

图 2-62　设置"调整"选项卡

"主单位"选项卡：设置"精度（P）"为 0，如图 2-63 所示。

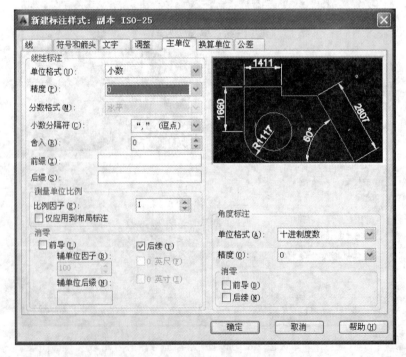

图 2-63　设置"主单位"选项卡

"换算单位"选项卡:选项使用默认值。

"公差"选项卡:选项使用默认值。

单击"确定"按钮,关闭对话框,完成设置。

3)角度形尺寸标注样式

单击"标注样式"按钮 ，在弹出的"标注样式管理器"对话框中单击"新建"按钮,然后在弹出的"创建新标注样式"对话框中给所设置的标注样式命名,单击"继续"按钮,将弹出的"新建标注样式"对话框,其中各选项卡的设置如下。

"线"选项卡:设置"基线间距(A)"为"8"、"超出尺寸线(X)"为"3"、"起点偏移量(F)"为"2",如图 2-64 所示。

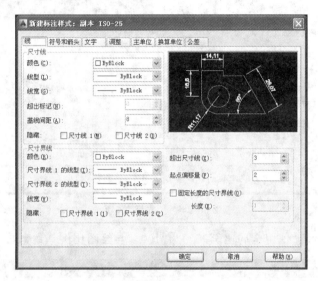

图 2-64　设置"线"选项卡

"符号和箭头"选项卡:设置"箭头大小(I)"为"3";其余选项使用默认值,如图 2-65 所示。

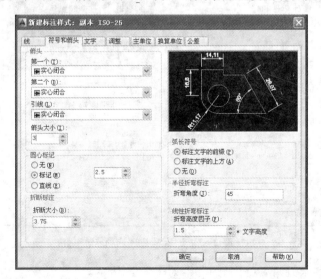

图 2-65　设置"符号和箭头"选项卡

"文字"选项卡：设置"文字高度(T)"为"4"；"从尺寸线偏移(O)"为"1"；选中"水平"单选框，如图2-66所示。

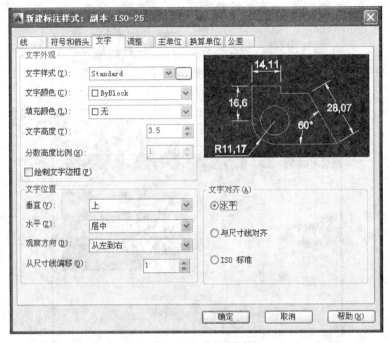

图2-66　设置"文字"选项卡

"调整"选项卡：设置"使用全局比例(S)"为"100"，与绘图比例一致，如图2-67所示。

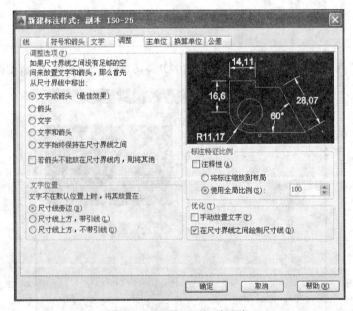

图2-67　设置"调整"选项卡

"主单位"选项卡：设置"精度(P)"为"0"，如图2-68所示。

"换算单位"选项卡：选项使用默认值。

图 2-68　设置"主单位"选项卡

"公差"选项卡：选项使用默认值。

单击"确定"按钮，关闭对话框，完成设置。

8.2　修改和替换标注样式

已设置的尺寸标注样式也可以进行修改和替换。

在"标注样式管理器"对话框的"样式"下列表框中，选择需要修改的标注样式，然后单击"修改"按钮，将弹出"修改标注样式"对话框，可以在该对话框中对该样式的参数进行修改。

同样，在"标注样式管理器"对话框的"样式"下列表框中，选择需要替换的标注样式，单击"替代"按钮，将弹出"替代当前样式"对话框，用户可以在该对话框中设置临时的尺寸标注样式，以替代当前尺寸标注样式的相应设置。

从本质上来讲，"新建标注样式"和"修改标注样式"以及"替代当前样式"是一致的，用户学会了"新建标注样式"对话框的设置，其他两个对话框的设置也很容易学会。

8.3　编辑尺寸标注

编辑尺寸标注包括旋转现有文字或用新文字替换现有文字。可以将文字移动到新位置或返回其初始位置，也可以将标注文字沿尺寸线移动到左、右、中心或尺寸界线之内或之外的任意位置。

1. 编辑标注

"编辑标注"命令用于进行修改已有尺寸标注的文本内容和文本放置方向。

1）执行途径

（1）命令行："DIMEDIT"。

（2）工具栏：在"标注"工具栏中单击"编辑标注"按钮。

2）操作说明

输入命令后，命令行提示如下。

> 输入标注编辑类型 ［默认(H)/新建(N)/旋转(R)/倾斜(O)］＜默认＞：

上述提示中的四个选项，分别为默认(H)、新建(N)、旋转(R)、倾斜(O)，各选项的含义如下。

（1）"默认(H)"选项：此选项用于将尺寸文本按DDIM所定义的默认设置，方向重新置放。

（2）"新建(N)"选项：此选项用于更新所选择的尺寸标注的尺寸文本。

（3）"旋转(R)"选项：此选项用于旋转所选择的尺寸文本。

（4）"倾斜(O)"选项：此选项用于倾斜标注，即编辑线性尺寸标注，使其尺寸界线倾斜一定的角度，不再与尺寸线相垂直，常用于标记锥形图形。

2. 编辑标注文字

"编辑标注文字"命令用于修改已有尺寸标注的放置位置。

1）执行途径

（1）命令行："DIMTEDIT"。

（2）工具栏：在"标注"工具栏中单击"编辑标注"按钮。

2）操作说明

输入命令后，命令行提示如下。

> 选取标注://选定要修改位置的尺寸
> 指定标注文字的新位置或 ［左(L)/右(R)/中心(C)/默认(H)/角度(A)］：

上述提示中的四个选项，各选项的含义如下。

（1）"左(L)"选项：此选项用于将尺寸文本按尺寸线左端放置。

（2）"右(R)"选项：此选项用于将尺寸文本按尺寸线右端放置。

（3）"中心(C)"选项：此选项用于将尺寸文本按尺寸线中心放置。

（4）"默认(H)"选项：此选项用于将尺寸文本按DDIM所定义的默认位置放置。

（5）"角度(A)"选项：此选项用于将尺寸文本按一定角度放置。

3. 尺寸标注更新

"尺寸标注更新"命令用于替换所选择的尺寸标注的样式。

1）执行途径

（1）命令行：在"DIMSTYLE"。

（2）工具栏：在"标注"工具栏中单击"标注更新"按钮。

2）操作说明

在执行该命令前，先将需要的尺寸样式设为当前的样式。

输入命令，命令行提示如下。

> 选择对象://选择要修改样式的尺寸标注
> 选择对象://回车

命令结束后，所选择的尺寸样式变为当前的样式。

工程实际操作 2-6

根据本课题所学内容,开始学习绘制图 2-1 中相对应部分的内容。

(1) 打开"图层"工具栏,单击"图层特性管理器"命令按钮,弹出"图层特性管理器"对话框,将当前图层设置为"标注"图层。

(2) 选择"标注"→"标注样式"命令,则系统弹出"标注样式管理器"对话框,新建标注样式并根据规范进行设置,设置完成后置为当前。

(3) 单击"标注"工具栏中的"线性标记"命令按钮和"连续标注"命令按钮,对照图纸完成尺寸标注并定义轴线号标注,结果如图 2-69 所示。

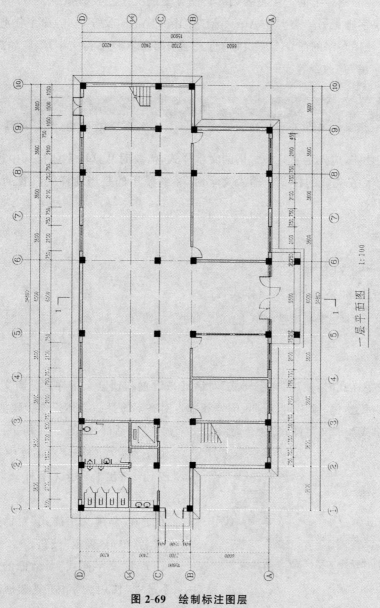

图 2-69　绘制标注图层

课题 **9** 文字注写

文字标写是工程图样上的一项重要内容。图样上的文字主要有数字、字母和汉字等。数字和字母是一类，汉字则是另一类。在 AutoCAD 中由 STYLE(文字样式)命令分别定义这两种样式。书写文字可使用写字的命令 TEXT(单行文字)、MTEXT(多行文字)等。如需修改文字，则用 DDEDIT(文字编写)命令等。

9.1 创建文字样式

在注写文字之前，应先定义几种常用的文字样式，需要时从这些字体样式中进行选择即可。图形中的文字都有它关联的样式。输入文字时，系统使用的是当前样式设置的字体、字号、角度、方向和其他特性。

1. 执行途径

(1) 命令行："STYLE"或"ST"。

(2) 菜单栏：选择"格式"→"文字样式"命令。

(3) 工具栏：在"样式"工具栏中单击"文字样式"按钮 Ａ。

2. 操作说明

在创建新文字样式时，使用"文字样式"对话框来设置和预览文字样式。新文字继承当前文字样式的高度、宽度比例、倾斜角、反向、倒置和垂直对齐等特性。具体操作步骤如下。

(1) 选择"格式"→"文字样式"命令，弹出"文字样式"对话框，如图 2-71 所示。

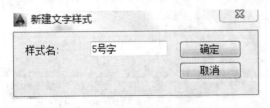

图 2-70 "新建文字样式"对话框

(2) 在"文字样式"对话框中单击"新建(N)…"按钮，弹出"新建文字样式"对话框，如图 2-70 所示。

(3) 在"新建文字样式"对话框中输入新文字样式名，单击"确定"按钮。

(4) 在"文字样式"对话框的"字体"选项组中，不选中"使用大字体"复选框，单击"字体名(F)"的下拉列表框，选中"仿宋"，如图 2-72 所示。

(5) 在"文字样式"对话框的"大小"选项组中设置字体的高度。常用字体是 5 号字、7 号字，

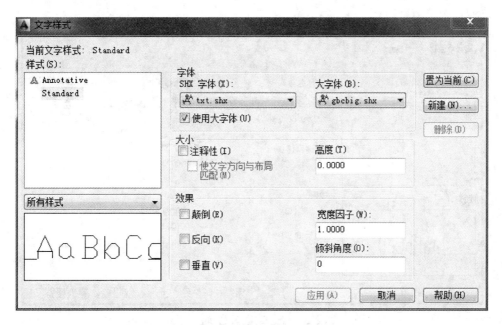

图 2-71 "文字样式"对话框(一)

图 2-72 "文字样式"对话框(二)

其高度是 5 mm、7 mm。

(6)在"效果"选项组中设置字体的有关特征。在"宽度因子(W)"一栏里填写"0.7",如图 2-73 所示。设置结果将随时显示在预览区内。

(7)单击"应用(A)"按钮,保存新设置的文字样式。

(8)单击"关闭(C)"按钮,完成新样式的设置。

图 2-73 "文字样式"对话框（三）

9.2 修改文字样式

设置过的文字样式可以利用"文字样式"对话框进行修改。如果修改现有样式的字体或方向，应使用该样式的所有文字将随之改变并重新生成。修改文字的高度、宽度比例和倾斜角不会改变现有的文字，但会改变以后创建的文字对象。

修改文字样式的具体步骤如下。

（1）选择"格式"→"文字样式"命令，弹出"文字样式"对话框。

（2）在"样式(S)"栏内的列表框中选择一个要修改的文字样式名。

（3）在"字体"、"大小"或"效果"选项组中修改任意选项。在预览区内可以直接观察到文字样式的修改结果。

（4）单击"应用(A)"按钮即可保存新的设置，并且以当前样式更新图形中的文字。

（5）单击"关闭(C)"按钮，完成修改文字样式操作。

9.3 注写文字

注写较少的文字时可使用单行文字，注写较多的文字时可使用多行文字。

1. 注写单行文字

该命令用于在图中注写一行或多行文字。每行文字是一个单独的对象，可对其进行重新定位、调整或进行其他修改。

1）执行途径

（1）命令行："DTEXT"或"TEXT"或"DT"。

（2）菜单栏：选择"绘图"→"文字"→"单行文字"命令。

2）操作说明

输入命令后，命令行提示如下。

```
当前文字样式："Standard"        //指定文字样式
文字高度：2.5000                //指定文字高度
指定文字的起点或[对正(J)/样式(S)]://指定文字输入的起点
```

此时，也可以输入"J"或"S"后按回车键，即选择"对正(J)"或"样式(S)"。

选择"对正(J)"选项用于确定文字的对正方式。执行该选项后，命令行提示如下。

```
输入选项：[/对齐(A)/调整(F)/中心(C)/中间(M)/右(R)/左上(TL)/中上(TC)/右上(TR)/左
中(ML)/正中(MC)/右中(MR)/左下(BL)/中下(BC)/右下(BR)]:
```

上述语句中各选项的含义如下。

（1）对齐(A)：该选项用于确定文字基线的起点和终点。AutoCAD 调整文字高度使其位于两点之间，如图 2-74 所示。

图 2-74　单行文字命令中的"对齐"选项

（2）调整(F)：该选项用于确定文字基线的起点和终点。AutoCAD 在保证原指定的文字高度的情况下，自动调整文字的宽度以适应在指定两点之间的均匀分布，如图 2-75 所示。

图 2-75　单行文字命令中的"调整"选项

（3）中心(C)：该选项用于确定文字基线的中心点位置。

（4）中间(M)：该选项用于确定文字基线的中间点位置。

（5）右(R)：该选项用于确定文字基线的右端点位置。

其他选项的内容及含义，可结合图 2-76 理解和使用。

"样式(S)"选项用于设置定义过的文字样式，即在命令行输入当前图形中的一个已经定义的文字样式名，并将其作为当前文字样式。

当命令行要求指定文字的旋转角时，确定旋转角，即可输入文字，按 Esc 键退出命令。

2. 注写多行文字

在工程图中注写文字常用多行文字命令。多行文字由任意数目的单行文字或段落组成。无论文字有多少行，每段文字构成一个图元，可以对其进行移动、旋转、删除、复制、镜像、拉伸

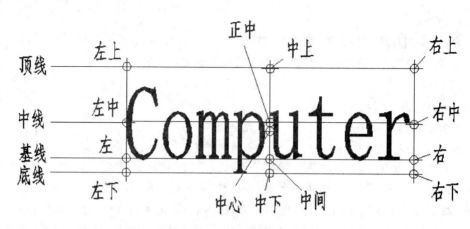

图 2-76　文字的对正方式

或缩放等编辑操作。多行文字有很多编辑项，可用下画线、字体、颜色和文字高度来修改段落。

1）执行途径

（1）命令行："MTEXT"或"T"。

（2）菜单栏：选择"绘图"→"文字"→"多行文字"命令。

（3）工具栏：在"绘图"工具栏中单击"多行文字"按钮**A**。

2）操作说明

执行"多行文字"命令后，命令行提示如下。

"指定对角点或 [高度(H)/对正(J)/行距(L)/旋转(R)/样式(S)/宽度(W)/栏(C)]"

共有七个选项，下面分别进行介绍。

（1）"高度(H)"选项：用于确定标注文字框的高度，用户可以在屏幕上拾取一点，该点与第一角点的距离即为文字的高度，或者在命令行中输入高度值。

（2）"对正(J)"选项：用于确定文字的排列方式。

（3）"行距(L)"选项：为多行文字对象指定行与行之间的间距。

（4）"旋转(R)"选项：用于确定文字倾斜角度。

（5）"样式(S)"选项：用于确定文字字体样式。

（6）"宽度(W)"选项：用于来确定标注文字框的宽度。

（7）"栏(C)"选项：用于确定文字输入栏的类型及栏宽、栏高和栏间距等。

设置完以上选项后，系统都要提示"指定对角点"，此选项用于确定标注文字框的另一个对角点，AutoCAD 将在这两个对角点形成的矩形区域中进行文字标注，矩形区域的宽度就是所标注文字的宽度。

3）"多行文字编辑器"简介

当确定了对角点以后，将弹出如图 2-77 所示的多行文字编辑器，其编辑框的大小由对角点的距离决定。用户可以在编辑框中输入需要插入的文字。在多行文字编辑器中，可以选择文字，修改大小、字体、颜色等格式，完成一般的文字编辑。

多行文字编辑器中包含了制表位和缩进，可以轻松地创建段落，并可以相对于文字元素边

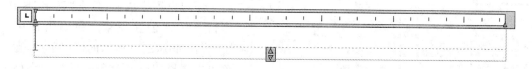

图 2-77　多行文字编辑器

框进行文字缩进,制表位、缩进的运用和 Microsoft Word 中的使用相似。

4)"文字格式"对话框简介

在多行文字编辑器的文字编辑框的上方还有一个"文字格式"工具栏,如图 2-78 所示是"文字格式"工具栏。该工具栏中的各选项用于控制文字字符格式,其选项从左到右依次为"字体名"、"字体"、"字高"、"粗体"、"斜体"、"下画线"、"上画线"、"撤销"、"堆叠/非堆叠"、"颜色"及"标尺"等。

图 2-78　"文字格式"工具栏

各选项的功能分别介绍如下。

(1)"字体名"　当前文字样式的名字。

(2)"字体"　这是一个下拉列表框,可以从中选择一种文字字体作为当前文字的字体。

(3)"字高"　这是一个文字编辑框,也是一个下拉列表框,可以在此输入或选择一个高度值作为当前文字的高度。

(4)"粗体"　单击该按钮将使当前文字变成粗体字。

(5)"斜体"　单击该按钮将使当前文字变成斜体字。

(6)"下画线"　单击该按钮将使当前文字加上一条下画线。

(7)"上画线"　单击该按钮将使当前文字加上一条上画线。

(8)"撤销"　单击该按钮,将撤销本次操作并恢复最近一次编辑操作。

(9)"堆叠/非堆叠"　单击该按钮,可为选定的文字打开或关闭堆叠功能。具体操作步骤如下。

① 输入要堆叠的文字,并使用以下其中一个字符作为分隔符。

· 斜杠(/):可垂直堆叠文字,由水平线分隔。

· 磅符号(♯):可对角堆叠文字,由对角线分隔。

· 插入符(ˆ):可进行公差堆叠,无直线分隔。

② 选择要堆叠的文字,单击"堆叠"按钮。

③ 若要取消文字堆叠,则先选择文字,再单击"堆叠"按钮,即可取消堆叠。

(10)"颜色"　为一个下拉列表框,用于设置当前文字的颜色。

(11)"标尺"　单击该按钮将显示或隐藏标尺。

全部选择(A)	Ctrl+A		全部选择(A)	Ctrl+A
剪切(T)	Ctrl+X		剪切(T)	Ctrl+X
复制(C)	Ctrl+C		复制(C)	Ctrl+C
粘贴(P)	Ctrl+V		粘贴(P)	Ctrl+V
选择性粘贴	▶		选择性粘贴	▶
插入字段(L)...	Ctrl+F		插入字段(L)...	Ctrl+F
符号(S)	▶		符号(S)	▶
输入文字(I)...			输入文字(I)...	
段落对齐	▶		段落对齐	▶
段落...			段落...	
项目符号和列表	▶		项目符号和列表	▶
分栏	▶		分栏	▶
查找和替换...	Ctrl+R		查找和替换...	Ctrl+R
改变大小写(H)	▶		改变大小写(H)	▶
自动大写			自动大写	
字符集	▶		字符集	▶
合并段落(O)			合并段落(O)	
删除格式	▶		删除格式	▶
背景遮罩(B)...			背景遮罩(B)...	
编辑器设置	▶		编辑器设置	▶
帮助	F1		帮助	F1
取消			取消	

图 2-79　右键快捷菜单　　图 2-80　"符号（S）"级联菜单

用户设置完成后，单击"确定"按钮，多行文字即创建完毕。在编辑框中右击，弹出如图 2-79 所示的快捷菜单，在该菜单中选择相应的命令也可对文字格式的各参数进行相应的设置。选择"符号（S）"命令后，弹出如图 2-80 所示的"符号（S）"级联菜单，用户可以选择各种特殊符号的输入方法，如果没有合适的特殊符号，用户还可以在级联菜单中选择"其他（O）…"命令，弹出如图 2-81 所示的"字符映射表"对话框。在该对话框中，用户可以选择合适的特殊符号。

5）实用示例

下面以具体实例介绍如何在标题栏中注写文字，具体操作步骤如下。

（1）使用"矩形"命令、"偏移"命令、"剪切"命令画出如图 2-82 所示的标题栏。

（2）按 8.1 节所介绍的步骤，分别定义 5 号字和 7 号字两种文字样式，字体为仿宋，字高分别为 5 mm 和 7 mm，宽度因子为 0.7。

图 2-81　"字符映射表"对话框

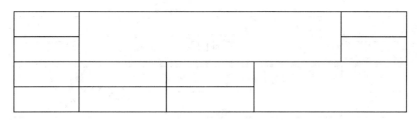

图 2-82　标题栏绘制

（3）单击"绘图"工具栏中的"多行文字"按钮 **A**，命令行提示如下。

　　指定第一角点：

此时单击 A 点，命令行提示如下。

　　指定对角点：

此时再单击 B 点，如图 2-83 所示。

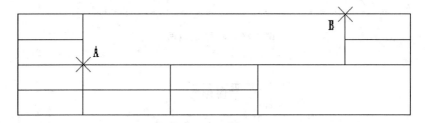

图 2-83　确定 A、B 两点

（4）在弹出的"文字格式"对话框中，字号选择 7 号字，水平对齐单击"居中"按钮，垂直对齐单击"正中"按钮。输入汉字"平面图形"，单击确定，如图 2-84 所示。

图 2-84　填写"平面图形"

（5）使用同样的方法注写"××××大学"如图 2-85 所示。

（6）单击"绘图"工具栏中的"多行文字"按钮 **A**，命令行提示选择第一角点，则单击 C 点，然后命令行提示选择第二角点，再单击 D 点，如图 2-86 所示。

（7）在弹出的"文字格式"对话框中，字号选择 5 号字；水平对齐单击"居中"按钮，垂直对齐单击"正中"按钮；输入汉字"审核"，单击确定，如图 2-87 所示。

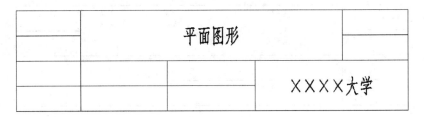

平面图形
××××大学

图 2-85　填写“××××大学”

平面图形
××××大学
C
D

图 2-86　确定 C、D 两点

平面图形
××××大学
审核

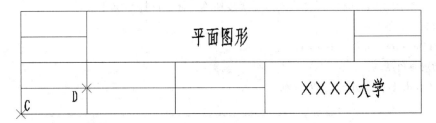

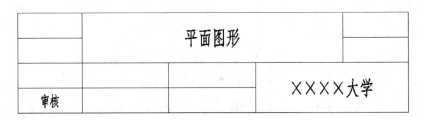

图 2-87　输入“审核”汉字

（8）使用同样的方法注写其他的文字，最终结果如图 2-88 所示。

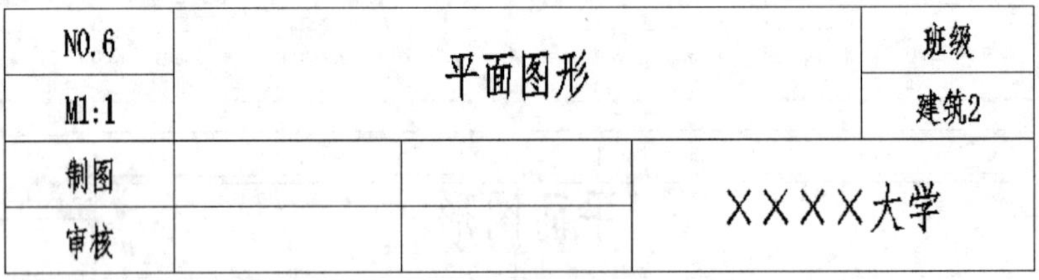

NO.6
M1:1
平面图形
班级
建筑2
制图
审核
××××大学

图 2-88　填写其他汉字

3. 控制码及特殊字符

在实际绘图中，有时需要绘制一些特殊字符以满足工程制图的需要。由于这些特殊字符不能直接从键盘输入，为此 AutoCAD 提供了控制码来实现，控制码为“%%”。

下面是一些常用的控制码。

（1）%%O：打开或关闭文字上画线。

（2）%%U：打开或关闭文字下画线。

（3）%%D：标注“度”符号(°)。

（4）%%P：标注“正负公差”符号(±)。

（5）％％％:标注百分号(%)。

（6）％％C:标注直径符号(φ)。

例如:在注写文字时输入"60％％D ％％C58％％P0.003"显示的结果是"60°φ58±0.003"。

9.4 编辑文字

一般来说,文字编辑应涉及两个方面,即修改文字内容和修改文字特性。

1. 修改文字内容和特性

可以使用"特性"命令修改编辑文字。该命令可以修改各绘图实体的特性,也用于修改文字特性。其可用于修改文字的颜色、图层、线型、内容、高度、旋转角、对正模式、文字样式等。

1) 执行途径

（1）命令行:"PROPERTIES"。

（2）菜单栏:选择"修改"→"特性"命令。

2) 操作说明

执行"特性"命令后,弹出"特性"对话框,如图 2-89 所示。在该对话框中选择要修改的文字特性。若选择一个实体,则"特性"对话框中将列出该实体的详细特性以供修改;若选择多个实体,"特性"对话框中将列出这些实体的共有特性以供修改。修改的具体方法是:若修改所选文字的字高、旋转角、宽度因子和倾斜角等数值类的特性,则在对话框中单击选择对应的项目,删去原有数值,输入一个新值即完成修改。

修改所选文字的颜色、图层、线型、样式、对齐方式等特性,则在对话框中单击选择对应的项目,将弹出对应时下拉列表框,在其中进行选择修改即可。例如,要修改图层特性,可打开"图层"下拉列表框,从中选取所需图层选项即可完成修改。

修改完一处后,应按一次 Esc 键退出对该实体的修改,再选择另一实体按上述方法进行修改,直至全部修改完毕为止。

全部修改完毕后,单击"特性"对话框右上角的关闭按钮,关闭对话框。

图 2-89 "实体特性管理器"对话框

2. 控制文本的显示方式

为了节省绘图操作时间,AutoCAD 提供了控制文本显示方式的功能。具体操作步骤如下。

（1）输入 QTEXT 命令,命令行提示如下。

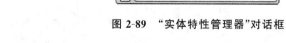

输入模式/[开(ON)/关(OFF)](关):

（2）选项"关(OFF)"为默认选项,执行该选项,文本正常显示。若执行选项"开(ON)",再选择"视图"→"重生成"命令后,图形中的所有文本和属性均以矩形框代替。文本的这种方式称为

"快速文字"模式。矩形框的大小反映文本行的长度、字高及其位置。当需要对文本和属性进行编辑，或者需要将图形输出时，需重复执行"QTEXT"命令，使其保持"关（OFF）"状态，再选择"视图"→"重生成"命令。

工程实际操作 2-7

根据本课题所学内容，开始学习绘制图 2-1 中相对应部分的内容。

（1）打开"图层"工具栏，单击"图层特性管理器"命令按钮，弹出"图层特性管理器"对话框，将当前图层设置为"文字"图层。

（2）单击"绘图"工具栏中的"文字"命令按钮，对照图纸完成文字标注，结果如图 2-90 所示。

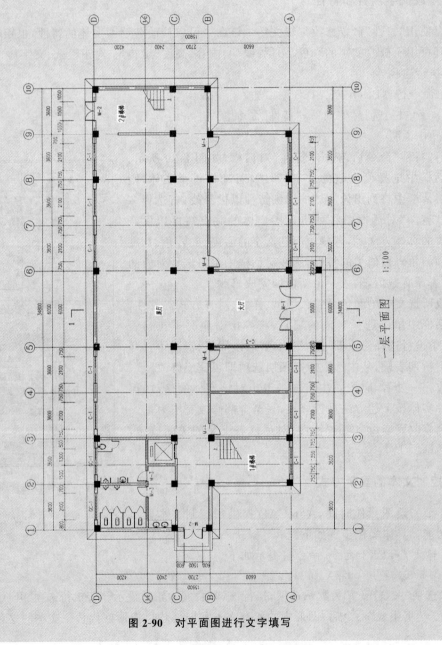

图 2-90　对平面图进行文字填写

（3）最后完成图纸、图框及标题栏，并对标题栏进行文字填写，最终结果如图2-91所示。

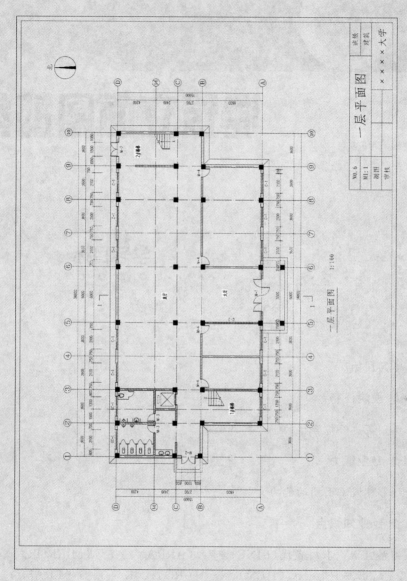

图 2-91　绘制完成后的平面图

模块 **3**

建筑立面图的绘制

学习目标

学习目标

☆ **模块任务**

绘制某办公综合楼的①—⑩立面图。

☆ **专业能力**

绘制建筑立面图的能力。

☆ **专业知识点**

图层(LAYER)、直线(LINE)、阵列(ARRAY)、镜像(MIRROR)、复制(COPY)、拉长(LENGTHEN)、旋转(ROTATE)、删除(ERASE)、块(BLOCK)、尺寸标注(DIMLINEAR)、文字(DTEXT、TEXT、MTEXT)。

建筑立面图主要用来表达墙体外轮廓、门窗、入口台阶、阳台、雨篷、壁柱、檐口、外露楼梯等部分的相对位置及所用材料和做法。建筑立面图是建筑施工图中控制高度和外墙装饰效果的技术依据。

在建筑施工图中,立面图的命名一般有如下三种方式。

(1) 以建筑物墙面位置命名　通常把建筑物主要出入口所在墙面的立面图称为正立面图,其余几个面的立面图对应称为背立面图、侧立面图等。

(2) 以建筑物的朝向来命名　如东立面图、西立面图、南立面图、北立面图等。

(3) 以建筑物两端定位轴线编号命名　如①—⑩立面图,Ⓓ—Ⓐ立面图等。

对有定位轴线的建筑物,宜根据两端轴线编号来标注立面图的名称。

绘制立面图时应注意以下几点。

(1) 绘制立面图时,室外地坪线采用加粗实线绘制,外墙轮廓线和屋脊线采用粗实线绘制,其他部位采用细实线绘制。

(2) 绘制立面图时,一般采用1:100的比例。

(3) 在立面图中,只绘制两端的轴线,并且编号应与平面图相对应,以便与平面图对照时确定立面图的看图方向。

根据如图3-1所示的立面图,将绘图步骤分解成如下几个课题进行讲解。

①—⑩轴立面图 1:100

图3-1　①—⑩轴立面图

课题 10 绘制地坪线和外形轮廓线

工程实际操作 3-1

（1）创建图层。

单击"图层"工具栏中的 ▣ 按钮，打开"图层特性管理器"对话框，在其中设置立面图所需的图层，如图 3-2 所示。

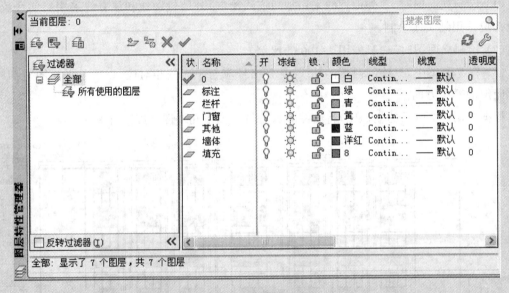

图 3-2　图层的创建

（2）直线命令。

用直线命令绘制一条水平线和垂直线作为基准定位轴线，水平线为地坪线，垂直线为立面图的外形轮廓线，如图 3-3 所示。

图 3-3　水平和垂直基准线

在绘图过程中命令行的内容如图3-4所示。

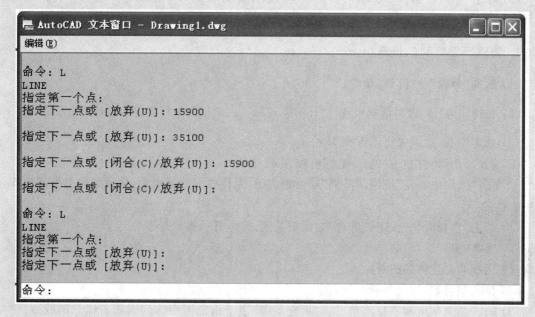

图3-4 绘图过程中命令行的内容

课题 11 绘制门窗

窗是立面图中的主要元素,根据平面图的尺寸,识读后进行窗的立面图绘制。

11.1 阵列命令

1. 创建矩形阵列的步骤

(1)在"修改"工具栏中单击"阵列"命令图标。

(2)在"阵列"对话框中选择"矩形阵列",根据命令行的提示进行下一步的操作。
可以使用以下方法之一来指定对象间的水平和垂直间距(偏移)。

(1)在"行偏移"和"列偏移"框中,输入行间距和列间距。在"列偏移"输入框中如果输入正值为向右阵列,如果输入负值则为向左阵列;在"行偏移"输入框中如果输入正值为向上阵列,如果输入负值则为向下阵列。

(2)单击"拾取行列偏移"按钮,按住左键将拖拉出一个矩形窗口,矩形窗口的长和高即是指定的行和列的水平和垂直间距。

（3）单击"拾取行偏移"或"拾取列偏移"按钮，用鼠标在图形中拾取参照距离作为指定的水平和垂直间距。

2.创建环形阵列的步骤

（1）选择"修改"→"阵列"命令。

（2）在弹出的"阵列"对话框中选择"环形阵列" ，根据命令行的提示进行下一步的操作。

（3）指定中心点，可执行以下操作之一。

① 输入环形阵列中心点的 X 坐标值和 Y 坐标值。

② 单击"拾取中心点"按钮，"阵列"对话框关闭，系统提示选择对象，使用鼠标捕捉环形阵列的中心点。

（4）单击"选择对象"按钮，"阵列"对话框关闭，命令行的提示如下。

选择对象：

（5）选择要创建阵列的对象。

（6）输入项目数目（包括原对象）。

（7）输入填充角度和项目间角度。"填充角度"用于指定围绕阵列圆周要填充的距离。"项目间角度"用于指定每个项目之间的距离。

3."阵列"命令的应用举例

（1）利用"矩形阵列"命令，按尺寸画出如图 3-5 所示的电视墙立面图。

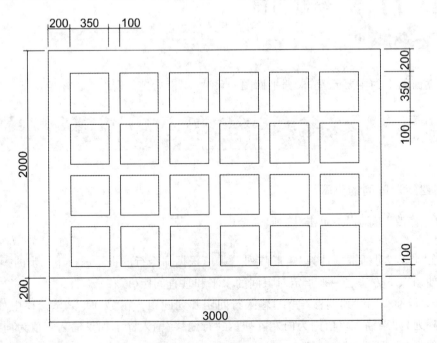

图 3-5　电视墙立面图

在绘图过程中命令行的内容如图 3-6 所示。

```
AutoCAD 文本窗口 - Drawing2.dwg

编辑(E)

类型 = 矩形   关联 = 是

选择夹点以编辑阵列或 [关联(AS)/基点(B)/计数(COU)/间距(S)/列数(COL)/行数(R)/层

指定列之间的距离或 [单位单元(U)] <525>: 450

指定行之间的距离 <525>: 450

选择夹点以编辑阵列或 [关联(AS)/基点(B)/计数(COU)/间距(S)/列数(COL)/行数(R)/层

输入列数数或 [表达式(E)] <4>: 6

指定 列数 之间的距离或 [总计(T)/表达式(E)] <450>:

选择夹点以编辑阵列或 [关联(AS)/基点(B)/计数(COU)/间距(S)/列数(COL)/行数(R)/层

输入行数数或 [表达式(E)] <3>: 4

指定 行数 之间的距离或 [总计(T)/表达式(E)] <450>: *取消*

选择夹点以编辑阵列或 [关联(AS)/基点(B)/计数(COU)/间距(S)/列数(COL)/行数(R)/层

命令:
```

图 3-6   绘图过程中命令行的内容

（2）利用"环形阵列"命令，按尺寸画出如图 3-7 所示的餐桌餐椅平面图。

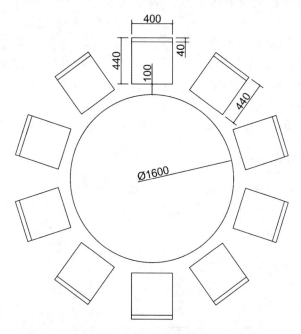

图 3-7   餐桌餐椅平面图

在绘图过程中命令行的内容如图 3-8 所示。

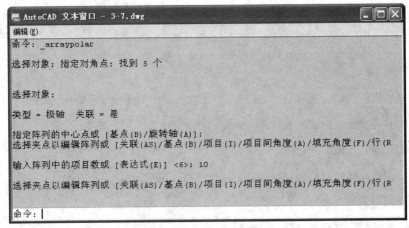

图 3-8　绘图过程中命令行的内容

11.2　镜像命令

1. "镜像"命令的操作步骤

（1）在"修改"工具栏中单击"镜像"命令图标，命令行提示如下。

选择对象:

（2）选择要镜像的对象，命令行提示如下。

指定镜像线上第一点:

（3）指定镜像直线的第一点，命令行提示如下。

指定镜像线上第二点:

（4）指定第二点，命令行提示如下。

是否删除原对象[是(Y)/否(N)],< 否>

（5）按回车键保留原始对象，或者输入"Y"，并按回车键将其删除。

2. "镜像"命令的应用举例

使用"镜像"命令，按尺寸画出如图 3-9 所示的煤气灶图。

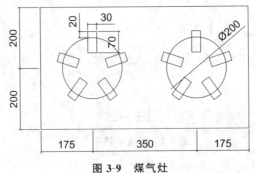

图 3-9　煤气灶

11.3 复制命令

1. "复制"命令的操作步骤

(1) 在"修改"工具栏中单击"复制"命令图标,命令行提示如下。

选择对象:

(2) 选择要复制的对象,命令行提示如下。

指定基点或 [位移(D)]:

(3) 使用鼠标拾取或采取输入坐标点的方式指定基点,命令行提示如下。

指定位移的第二点或< 用第一点作位移> :

(4) 指定将对象复制到的位置,命令行提示如下。

指定位移的第二点或 [退出(E)/放弃(U)] < 退出> :

(5) 可以再次将对象复制到一个新位置,直至单击右键结束复制命令。

2. "复制"命令的选项说明

(1) 基点 基点是复制对象的定位点,也是指定距离移动图形的尺寸起点。精确绘图时,必须按图中所给的尺寸合理地选择"基点"。可以采用鼠标捕捉特征点来选取基点,也可以通过输入坐标定位或输入位移值定位来选取基点。

(2) 第二点 复制移动的目标点称为第二点。

(3) 位移(D) 位移是指在光标引导方向上的移动距离。可以在打开"正交"和"极轴追踪"模式的同时使用直接距离输入功能。

(4) 用第一点作位移 自动输入基点的坐标值作为复制时移动的相对坐标。

3. "复制"命令的应用举例

利用"复制"命令,按尺寸画出如图 3-10 所示的图形。

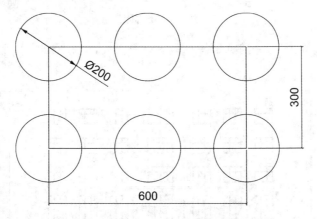

图 3-10 复制命令应用实例

工程实际操作 3-2

根据本课题所学内容，开始学习绘制图 3-1 中相对应部分的内容。

（1）结合平面图及门窗表中的信息，用直线和偏移命令绘制窗，绘图过程中命令行的内容如图 3-11 所示，绘制结果如图 3-12 所示。

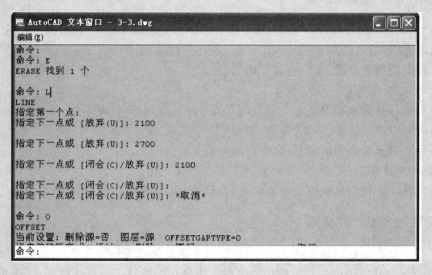

图 3-11　绘图过程中命令行内容

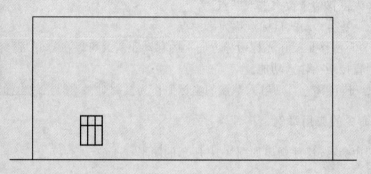

图 3-12　绘制窗

（2）使用"矩形阵列"命令将立面图中的窗绘制完成，使用"直线"命令绘制门，如图 3-13 所示。

图 3-13　立面图中门窗的绘制

课题 12 绘制屋顶及其他构件

12.1 拉长命令

"拉长"命令(LENGTHEN)可将选中的对象按指定的方式延长或缩短到给定的长度。它修改的对象为直线、圆弧、多段线、椭圆弧和样条曲线。在操作该命令时,只能采用直接点取方式选择对象,并且一次只能选择一个对象。

1. "拉长"命令的操作步骤

(1) 选择"修改"→"拉长"命令,命令行提示如下。

选择对象或[增量(DE)/百分数(P)/全部(T)/动态(DY)]:

(2) 输入"DY"(动态拖动模式),按回车键,命令行提示如下。

选择要修改的对象或[放弃(U)]:

(3) 选择要拉长的对象,命令行提示如下。

指定新端点:

(4) 移动鼠标,指定一个新端点,按回车键结束操作。

2. "拉长"命令的选项说明

(1) 增量(DE):指定从端点开始测量的增量长度。
(2) 百分数(P):按总长度的百分比指定新长度。
(3) 全部(T):指定对象的总绝对长度。
(4) 动态(DY):动态拖动对象的端点。

3. "拉长"命令的应用举例

应用"拉长"命令,将图 3-14(a)拉长至图 3-14(b)所示的大小。

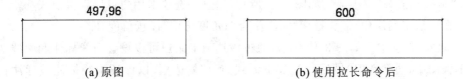

(a) 原图　　　　　　　　　　　(b) 使用拉长命令后

图 3-14 拉长命令应用实例

12.2 引线标注

引线标注用于对图形中的某一特征进行说明,并用一条引线将文字指向被说明的特征。引线是由箭头、直线段或样条曲线以及水平线等组成的复杂对象,如图 3-15 所示。引线的末端是注释,引线和注释是两个独立的对象,但二者是相关的,如果移动注释,引线也会随之移动。但移动引线并不会导致注释移动。

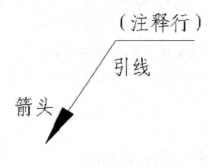

图 3-15　引线

执行"引线"命令后,命令行提示的内容如图 3-16 所示。

图 3-16　命令行提示的内容

在图 3-16 所示的提示后直接按回车键,则弹出"引线设置"对话框,如图 3-17 所示。"引线设置"对话框中各选项卡的功能介绍如下。

（1）"注释"选项卡　通过"注释"选项卡,用户可以设置引线的注释类型、多行文字选项以及是否重复使用同一引线标注,如图 3-17 所示。

（2）"引线和箭头"选项卡　如图 3-18 所示,通过该选项卡用户可以设置引线和箭头的格式和类型。在一般工程图中,箭头选用"实心闭合",角度选用"任意角度"即可。

（3）"附着"选项卡　如图 3-19 所示,通过该选项卡用户可以设置引线标注和引线的相互位置。在工程图中,通常选中"最后一行加下划线（U）"复选框,以保证引线标注被标注在引线的上方。

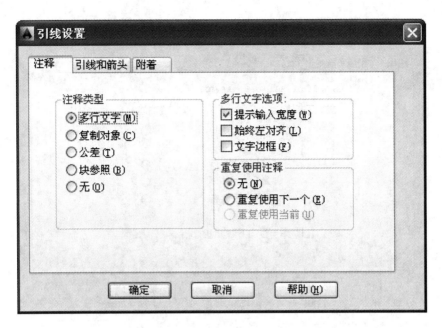

图 3-17　"注释"选项卡

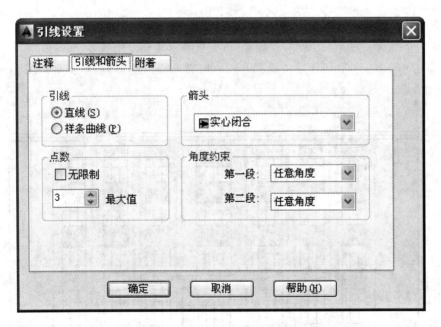

图 3-18　"引线和箭头"选项卡

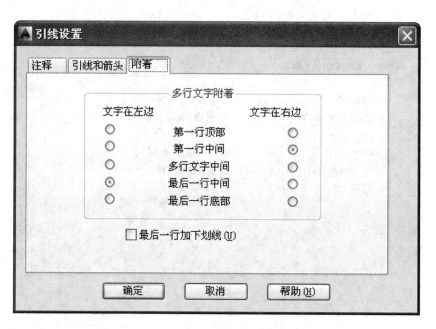

图 3-19 "附着"选项卡

工程实际操作 3-3

根据本课题所学内容,开始学习绘制图 3-1 中相对应部分的内容。

使用"拉长"命令和引线标注功能在对应的图层上绘制屋顶、分隔线及标注立面的装饰材料,如图 3-20 所示。

图 3-20 绘制屋顶、分隔线及装饰材料的标注

课题  13 标高注写

13.1 "旋转"命令

"旋转"命令（ROTATE）的功能是绕指定点旋转对象。通常是选择基点和输入相对或绝对的旋转角度来旋转对象。

1."旋转"命令的操作步骤

（1）在"修改"工具栏中单击"旋转"命令图标，命令行提示如下。

　　选择对象：

（2）选择要旋转的对象，命令行提示如下。

　　指定基点：

（3）指定旋转基点，命令行提示如下。

　　指定旋转角度，或 ［复制(C)/参照(R)］：

（4）在命令行输入旋转角度，按回车键结束命令。

2."旋转"命令的选项说明

（1）指定旋转角度：输入对象要旋转的相对角度值（0～360°）。在默认状态下输入正角度值则逆时针旋转该角度，输入负角度值则顺时针旋转该角度。如果是特殊角度也可以采用鼠标绕基点拖动对象在"极轴"指引下指定新角度。

（2）参照(R)：以设置参照的方式来确定旋转角度。该方式是先指定参照的角度，即指定参照角的基准线位置，然后再给定对象的旋转角度，则该旋转角从参照角的基准线计算。参照选项下有如下两个提示，其功能介绍如下。

· 指定参照角(O)：使用输入或拾取的方式给定参照角。

· 指定新角度或 ［点(P)］(O)：使用输入或拾取的方式给定旋转后的角度。

3."旋转"命令的应用举例

使用"旋转"命令将图 3-21(a)所示的图形变换成图 3-21(b)所示的图形。

13.2 "删除"命令

AutoCAD 2014 中删除图形对象的常用方法有如下几种。

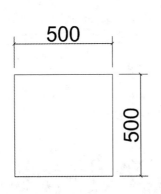
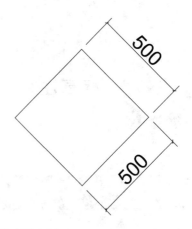

图 3-21 "旋转"命令应用实例

（1）单击"修改"工具栏中的"删除"按钮✐，选中将要删除的图形对象后右击，即可将其删除。也可以先选中图形对象，然后再单击"修改"工具栏中"删除"按钮，图形对象马上删除。

（2）先选中图形对象，再按 Delete 键，即可将选中的图形对象删除。

（3）先选中图形对象，再右击，然后在弹出的右键菜单中选择"删除"命令，即可将选中的图形对象删除。

13.3 图块的命令

图块是一组图形对象的集合，一组图形对象组合成图块，则该组对象就被赋予一个块名，用户可以根据绘图的需要用这个块名将该组对象插入到图中任意指定的位置，而且在插入时还可以指定不同的比例系数和旋转角度。

组成图块的对象可以有自己的图层、线型和颜色。但 AutoCAD 把图块当作一个单一的对象来处理，即点取图块内的任何一个对象，就可以对整个图块进行编辑操作，我们还可以通过"分解"命令来分解块，让其还原成各个单独对象。图块可以嵌套，即一个图块中可以包含另一个或几个图块。

1. 创建图块

创建图块的对应命令有："BLOCK"和"WBLOCK"。其中，"BLOCK"命令用于创建附属图块，"WBLOCK"命令用于创建独立图块。二者保存的方式不同，附属图块随创建图块的图形保存，本图使用方便，其他图形不好寻找；独立图块以一个独立的图形文件保存，其他图形能方便地寻找并插入使用。

执行"BLOCK"命令，将弹出如图 3-22 所示的"块定义"对话框；执行"WBLOCK"命令，将弹出如图 3-23 所示的"写块"对话框。在相应的对话框中设置图块的名称、插入基点，选择创建为块的对象，然后单击"确定"按钮，完成图块的创建。

可以看出创建附属图块和独立图块的对话框的主要项目基本相同，都包括给块命名、选择组块的对象、确定块插入时的基点、设置块单位等选项。所不同的是独立图块要选择图块保存的路径,以便"块插入"时根据这个路径找到对应的图块。

图 3-22 "块定义"对话框

图 3-23 "写块"对话框

"块定义"与"写块"对话框各主要选项的功能介绍如下。

(1)"名称(N)"下拉列表框:用于输入图块的名称,其长度不能超过 255 个字符。

(2)"基点"选项组:单击"拾取点(K)"按钮,用鼠标拾取该块的插入基准点,也就是块插入时的定位点。该点也可以通过在"拾取点"按钮下面的"X"、"Y"、"Z"文本框中输入基准点的坐标来定义。

(3)"对象"选项组:单击"选择对象(T)"按钮,选择组成图块的图形对象。选项组中还有"保留(R)"、"转换为块(C)"、"删除(D)"三个单选项框,可选取图形对象被创建为块后对原对象的处理方式。

(4)"设置"选项组:"块单位(U)"下拉列表框用于确定图块的单位。"按统一比例缩放(S)"复选框,可以指定是否阻止块参照不按统一的比例缩放。"允许分解(P)"复选框,可以指定块参照是否能被分解。"说明"文本框,用于输入与当前图块有关的文字说明。单击"超链接(L)…"按钮,可打开"插入超链接"对话框,用于插入超链接文档。

(5)"在块编辑器中打开(O)"复选框:用于在"块编辑器"中打开当前的块定义。

2. 插入图块

插入图块功能是在当前图形中的指定位置插入已创建的附属图块或独立图块。相应的命令为"Insert"或"I"。另外,利用"工具选项板"或"设计中心"也能插入图块。

1)使用"块插入"命令插入图块

在"绘图工具栏"中单击"块插入"按钮，弹出如图 3-24 所示的"插入"对话框。在该对话框中找到插入图块的路径、名称,设置缩放比例、旋转角度等参数,然后单击"确定"按钮完成设置。

"插入"对话框中各主要选项的功能介绍如下。

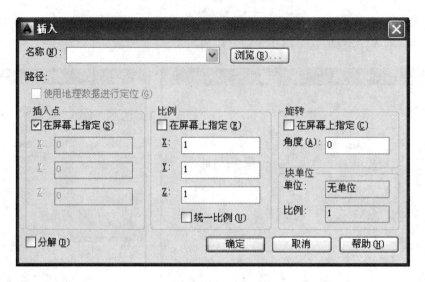

图 3-24　"插入"对话框

(1) "名称(N)"下拉列表框：用于输入将要插入的图块名称，或者单击"浏览(B)…"按钮从文件夹中寻找图块文件。

(2) "插入点"选项组：可以选中"在屏幕上指定(S)"复选框，也可以通过输入点的坐标来指定插入点。

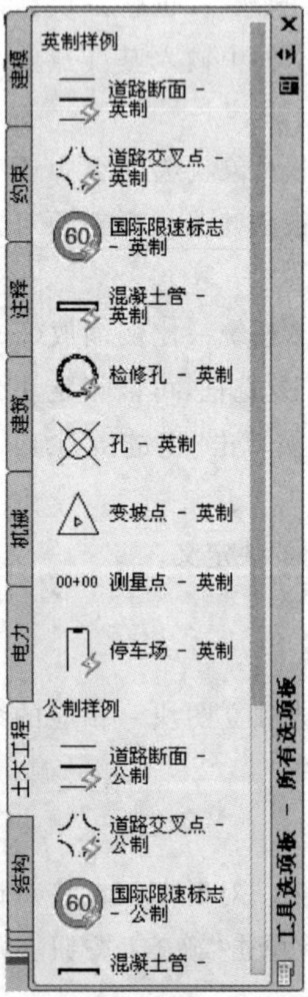

(3) "比例"选项组：用于设置块的插入比例，可以在 X、Y、Z 三个方向上设置不同的百分比，也可以选中"在屏幕上指定(E)"复选框来直接在屏幕上指定百分比。

(4) "旋转"选项组：用于设置块插入时的旋转角度。

(5) "分解(D)"复选框：用于设置是否将插入的块分解成块的各自独立的对象。

2) 使用"工具选项板"插入图块

"工具选项板"是常用工具的集合，如图 3-25 所示。其中包括"注释"、"土木工程"、"结构"、"机械"、"电力"、"建筑"等选项卡，集合了工程制图中常用的图块。

打开"工具选项板"有如下几种方法。

(1) 输入命令"Tool Palettes"。

(2) 单击"标准"工具栏中的"工具选项板"按钮。

(3) 选择"工具"→"工具选项板"命令。

(4) 使用 Ctrl＋3 快捷键。

显示在选项板上的图块，可以直接拖放添加到当前图形中；也可以先选中选项板上的图块，然后通过命令行的提示对图块进行指定基点、缩放比例、旋转角度等操作。图 3-26 所示的就是从"工具选项板"中拖放到图中的"盥洗室"图块。

图 3-25　工具选项板

3. 块属性的应用

块属性是图块在插入过程中按提示输入的文字信息,在插入一个带属性的块时,固定的属性值随块自动添加到图形中,可变的属性值在提示后输入。块属性用于图形相同而注释不同的情况,比如高程标注中的标高值、电阻的阻值、图框标题栏的文字标注等都可以通过块属性来绘制。对于一个带属性的块,可以修改其属性值,可以提取其属性信息。

1) 创建块的属性定义

创建带属性的图块,首先必须创建块的属性定义,然后用"WBLOCK"命令创建带属性的图块。

创建块的属性定义,有如下两种方法:一是选择"绘图(D)"→"块(K)"→"定义属性(D)"命令,如图3-27所示;二是在命令行中输入"ATTDEF"或"ATT"后按回车键。执行"定义属性"命令后,会弹出如图3-28所示的"属性定义"对话框。在此对话框中可以定义块的属性。

"属性定义"对话框中主要选项的功能说明如下。

(1)"模式"选项组 选择"不可见(I)"复选框,表示该属性在随块插入后看不到。选择"固定(C)"复选框,表示该属性将预设的属性值赋予图块,在插入图块时不再提示输入属性值,插入后该属性值不可更改。选择"验证(V)"复选框,表示插入块时,会提示检查该属性的正确性。选

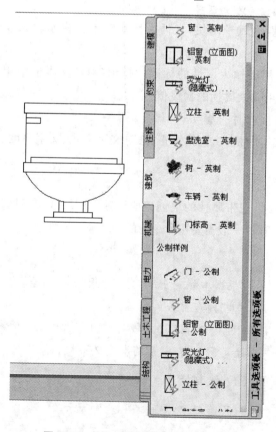

图 3-26 从"工具选项板"中拖放图块

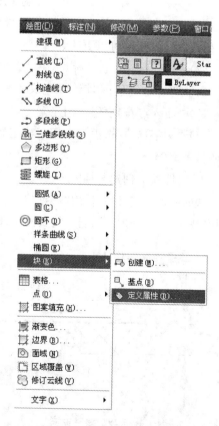

图 3-27 选择"定义属性"命令

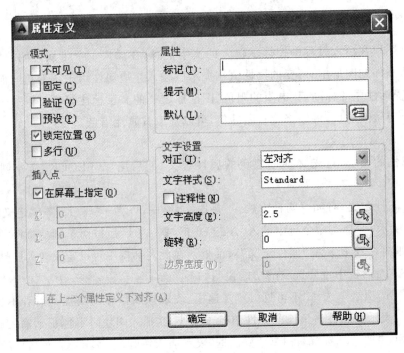

图 3-28 "属性定义"对话框

择"预设(P)"复选框,表示该属性将预设的属性值赋予图块,在插入图块时不再提示输入属性值,插入后该属性值可以更改。

(2)"属性"选项组 "标记(T)"文本框中用于输入属性的标记;"提示(M)"文本框中用于输入属性的提示信息;"默认(L)"文本框中用于输入属性的预设值。

(3)"插入点"选项组 用于确定属性文本插入时的基点。

(4)"文字选项"选项组 用于确定属性文本的格式,包括对正方式、文字样式、文字高度、文字倾斜角度等。

2)属性块的创建与插入

块的属性被定义后,使用"块创建"的命令可以把带属性的块创建成为独立图块或附属图块。使用"块插入"命令插入已创建的属性块,插入过程中一般需要按命令行的提示输入属性值。

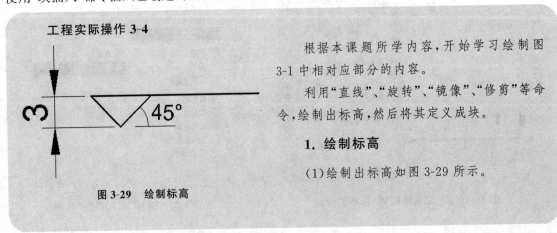

工程实际操作 3-4

根据本课题所学内容,开始学习绘制图 3-1 中相对应部分的内容。

利用"直线"、"旋转"、"镜像"、"修剪"等命令,绘制出标高,然后将其定义成块。

1. 绘制标高

(1)绘制出标高如图 3-29 所示。

图 3-29 绘制标高

　　（2）选择"绘图（D）"→"块（K）"→"定义属性（D）"命令，弹出"属性定义"对话框，如图3-30所示。在其中设置参数。

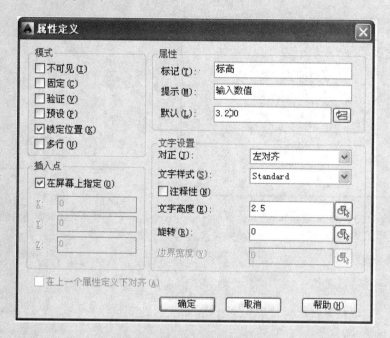

图3-30　"属性定义"对话框

　　（3）设置完成后单击"确定"按钮，命令行会提示指定起点，拾取图形起点为文字插入点，如图3-31所示。

　　（4）创建图块，工程图中都有标高标注，将其创建为外部块保存，如图3-32所示。

图3-31　创建属性

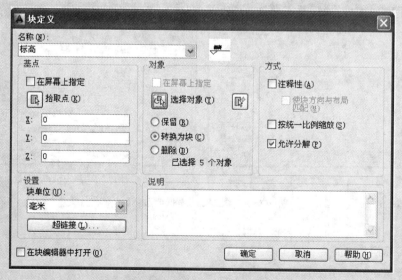

图3-32　创建"标高"图块

（5）单击"确定"按钮，弹出如图3-33所示的"编辑属性"对话框，单击"确定"按钮，完成图块的创建，如图3-34所示。

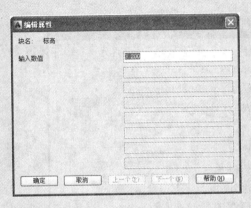

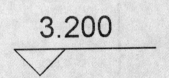

图3-33 "编辑属性"对话框   图3-34 完成标高图块的创建

2. 块属性的编辑

在属性块插入到图形后，如果想修改图块中的文字属性值，最简单的方法就是双击属性值，在弹出的"增强属性编辑器"中直接修改相应的选项设置，单击"确定"按钮后，图块中的属性即被修改。

图3-35所示为"增强属性编辑器"对话框，有"属性"、"文字选项"、"特性"三个选项卡。在"属性"选项卡中，可以修改属性值，如图3-35(a)所示；在"文字选项"选项卡中，可以修改"文字样式"、"高度"等的设置，如图3-35(b)所示；在"特性"选项卡中，修改"图层"、"线型"、"颜色"、"线宽"等选项。单击右上角的"选择块(B)"按钮，可从当前图形中重新选择属性块添加到"增强属性编辑器"对话框中进行修改。

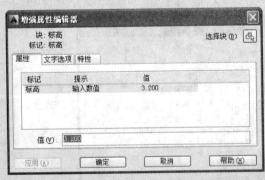

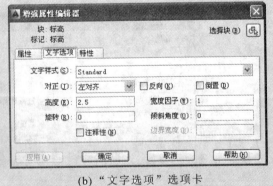

(a) "属性"选项卡   (b) "文字选项"选项卡

图3-35 "增强属性编辑器"对话框

工程实际操作 3-5

在立面图中利用块绘制完成标高，如图3-36所示。

图 3-36 完成立面图标高的标注

工程实际操作 3-6

在图 3-36 的基础上，书写图名、比例和定位轴线，如图 3-37 所示。

图 3-37 ①—⑩轴立面图

建筑剖面图的绘制

学习目标

学习目标

☆ **模块任务**

绘制某办公综合楼的剖面图。

☆ **专业能力**

绘制建筑剖面图的能力。

☆ **专业知识点**

图层(LAYER)、直线(LINE)、偏移(OFFSET)、修剪(TRIM)、图案填充充(BHATCH)、尺寸标注(DIMLINEAR)、文字(DTEXT、TEXT、MTEXT)。

假想用一个或多个垂直于外墙轴线的剖切面,将房屋剖开,所得的投影图,称为建筑剖面图,简称剖面图。

剖面图用来表示房屋内部的结构或构造形式、分层情况和各部位的联系、材料及其高度等,是与平面图、立面图相互配合的重要图样。

剖面图的数量是根据房屋的具体情况和施工实际需要来决定的。剖切面一般为横向,即平行于侧面,必要时也可以为纵向,即平行于正面。其位置应选择在能反映出房屋内部构造比较复杂与典型的部位,并应通过门窗洞的位置。若为多层房屋,则应选择在楼梯间或层高不同、层数不同的部位。

在建筑剖面图中,凡是被剖切到的建筑构件的轮廓线一般采用粗实线,没有被剖切到的建筑构件采用细实线绘制。建筑剖面图应标注建筑物外部、内部的尺寸和标高。外部尺寸一般应标注出室外地坪、窗口等处的标高和尺寸,并与立面图一致;若建筑物两侧对称时,可只在一边标注。内部尺寸应标注出底层地面、各层楼面与楼梯平台面的标高,室内其余部分如门窗等应标注出其位置和大小的尺寸,楼梯一般见详图。在剖面图中,构件都采用图例绘制,在绘制剖面图时,一般采用 1∶100 的比例。

剖面图的图名应与平面图上所标注剖切符号的编号一致,如 1-1 剖面图、2-2 剖面图等。绘制命令和立面图相近,这里只简要介绍绘图的过程。根据图 4-1 所示的立面图,将绘图步骤分解为如下几个课题分别进行介绍。

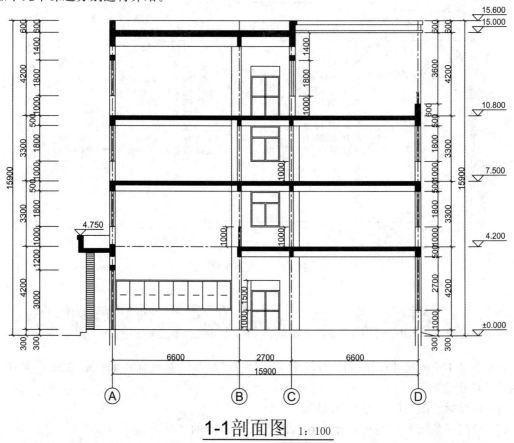

1-1剖面图 1∶100

图 4-1　1—1 剖面图

绘制定位轴线

工程实际操作 4-1

根据图 4-1 设置图层及绘制定位轴线。

14.1 设置图层

单击"图层"工具栏中的 ![按钮] 按钮，弹出"图层特性管理器"对话框，设置剖面图所需的图层，如图 4-2 所示。

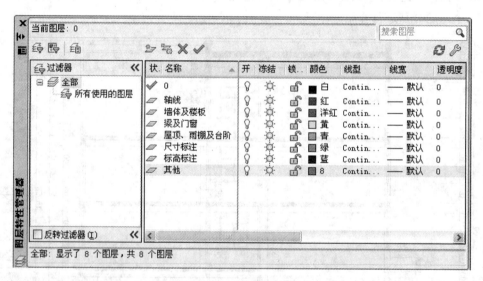

图 4-2 图层的创建

14.2 直线命令和偏移命令

根据图 4-1 中的尺寸标注，用"直线"命令和"偏移"命令绘制垂直和水平定位轴线，如图 4-3 所示。具体步骤如下。

（1）将"轴线"图层设置为当前图层。

（2）绘制一条长为 15 900 的轴线和一条高为 15 600 的轴线。

（3）对照立面图标高，用"偏移"命令对长为 15 900 的轴线进行偏移；对照立面图的轴号间

距,对 15 600 的轴线进行偏移,最终得到图 4-3。

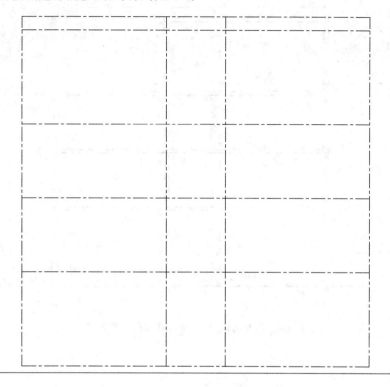

图 4-3   定位轴线的绘制

 **绘制墙体、楼板轮廓线和外墙窗洞口**

工程实际操作 4-2

在图 4-3 的基础上,根据尺寸标注绘制出墙体、楼板轮廓线和外墙窗洞口,如图 4-4 所示。具体步骤如下。

(1)由平面图可知外墙墙厚为 300,内墙墙厚为 200,分别偏移外层轴线与内层轴线得到墙体。

(2)由平面图与立面图可知窗洞口的高度尺寸为 1 800,利用"直线"命令与"偏移"命令,偏移出窗洞口。

(3)利用"修剪"命令对已经画好的窗洞口进行修剪。

(4)根据楼层高用直线绘制出楼板顶面并对其进行偏移修剪形成楼板,从详图中得知楼板的厚度为 150,对已绘制好的楼板进行图案填充,最终得到图 4-4。

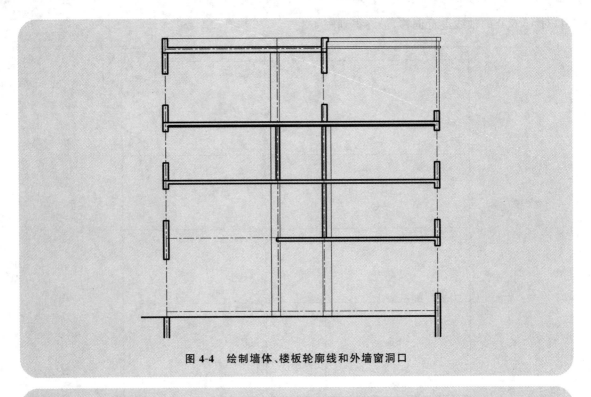

图4-4 绘制墙体、楼板轮廓线和外墙窗洞口

工程实际操作 4-3

在图 4-4 的基础上,根据尺寸标注绘制出梁及门窗的位置,如图 4-5 所示。

绘制时,根据图中的尺寸标注,选用设置好的图层,用"直线"、"偏移"和"修剪"命令绘制出梁及门窗图形,如图 4-5 所示。

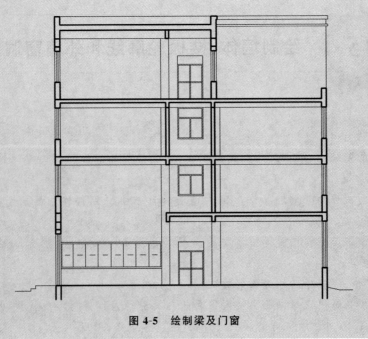

图4-5 绘制梁及门窗

课题 16 绘制细部构件

16.1 图案填充命令

图案填充主要用于对所定义的填充边界填充图案,主要包括确定填充边界、选择填充图案、定义填充方式等。在绘制施工图中,图案填充主要用于绘制被剖切的剖面。

单击"绘图"工具栏中的"图案填充"按钮 ,或者选择"绘图"→"图案填充"命令,又或者直接在命令行中输入 BHATCH,即可执行"图案填充"命令。

执行"图案填充"命令后,将弹出如图 4-6 所示的"图案填充和渐变色"对话框,该对话框包括"图案填充"和"渐变色"两个选项卡。

图 4-6 "图案填充和渐变色"对话框

1. "图案填充"选项卡

1)"类型和图案"选项组

(1)"类型(Y)"下拉列表框:用于确定填充图案的类型。其中,"预定义"选项表示用AutoCAD标准图案文件(ACAD.PAT 文件)中的图案填充;"用户定义"选项表示用户要临时定义填充图案,与命令行提示中的"U"选项作用相同;"自定义"选项表示选用 ACAD.PAT 图案文件或其他图案文件(.PAT 文件)中的图案填充。

(2)"图案(P)"下拉列表框:用于确定标准图案文件中的填充图案。在弹出的下拉列表中,用户可以从中选取填充图案。选取所需要的填充图案后,在"样例"框中将会显示出该图案,只有当用户在"类型(Y)"下拉列表框中选择了"预定义"选项,此项才会以正常亮度显示,即允许用户从自己定义的图案文件中选取填充图案。单击"图案(P)"下拉列表框右侧的 ▥ 按钮,将弹出"填充图案选项板"对话框,如图 4-7 所示,用户可以从中选择需要的图案。

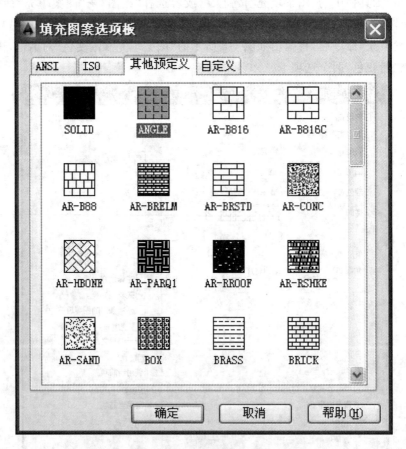

图 4-7 "填充图案选项板"对话框

(3)"样例"框:用于显示选中的样本图案。用户可通过单击该图像来迅速查看或选取已有的填充图案。

(4)"自定义图案(M)"下拉列表框:用于从用户自己定义的图案中选取填充图案。只有在"类型(Y)"下拉列表框中选择"自定义"选项后,才允许用户从自己定义的图案文件中选取填充图案。

2)"角度和比例"选项组

(1)"角度(G)"下拉列表框:用于确定填充图案时的旋转角度。每种图案在定义时的旋转角度为0,用户可在"角度"下拉列表框中输入所希望旋转的角度。

(2)"比例(S)"下拉列表框:用于确定填充图案的比例。每种图案在定义时的初始比例为1,用户可以根据需要输入相应的比例值。

(3)"双向(U)"复选框:只有在"类型(Y)"下拉列表框中选择"自定义"选项后该复选框才能使用,其默认设置为一组平行线组成填充图案,选中该复选框时为两组相互正交的平行线组成的填充图案。

(4)"相对图纸空间(E)"复选框:用于确定是否相对于图纸空间单位来确定填充图案的比例值。选中此复选框,用户可按适合于版面布局的比例显示填充图案。该复选框仅适用于图形的版面编排。

(5)"间距(C)"文本框:用于指定线之间的间距。只有在"类型(Y)"下拉列表框中选中"自定义"选项后,用户才可确定相应的值。

(6)"ISO笔宽(O)"下拉列表框:用户可根据所选择的笔宽确定与ISO有关的图案比例。只有选择了已定义的ISO填充图案后,才可以确定它的内容。

3)"图案填充原点"选项组

该选项组用于控制填充图案生成的起始位置。某些图案填充(如砖块图案)需要与图案填充边界上的一点对齐。默认情况下,所有图案填充原点都对应于当前的用户坐标系(UCS)原点。也可以选中"指定的原点"单选按钮及下面一级的复选框重新指定原点。

2."渐变色"选项卡

渐变色是指从一种颜色到另一种颜色的平滑过渡,为图形添加视觉效果。可以将渐变色填充应用到实体填充图案中,以增强演示图形的效果。"渐变色"选项卡如图4-8所示。

1)"颜色"选项组

(1)"单色(O)"单选按钮。选中该项,系统会应用单色渐变填充所选择的对象。其下边的颜色框中会显示用户所选择的真彩色,单击颜色框右边的██按钮,弹出"选择颜色"对话框,如图4-9所示,用户可在其中选择所需的颜色。

(2)"双色(T)"单选按钮。选中该项,系统会应用双色渐变填充所选择的对象。填充颜色将从"颜色1"渐变到"颜色2"。"颜色1"和"颜色2"的选取与单色选取类似。

2)"渐变方式"选项组

在"颜色"选项组的下方列有9种渐变方式,包括线形、球形、抛物线形等渐变方式。

3)"方向"选项组

(1)"居中(C)"复选框。该复选框决定是否居中渐变填充。

(2)"角度(L)"下拉列表框。在该下拉列表框中选择角度,此角度为渐变色倾斜的角度。

3."边界"选项组

(1)"添加:拾取点(K)"按钮 ⊞ 。单击该按钮,用户以拾取点的形式自动确定填充区域的

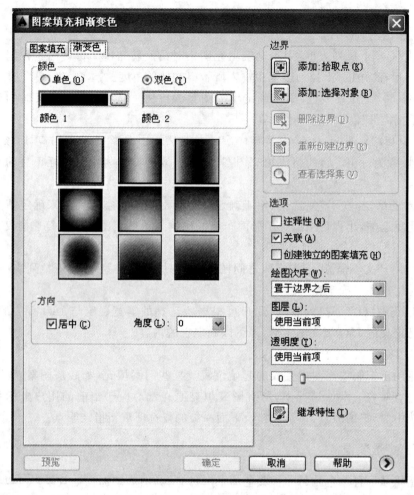

图 4-8　"渐变色"选项卡

边界。在填充区域内任意取一点，AutoCAD 会自动确定出包围该点的封闭填充边界，并且这些边界以高亮显示。

（2）"添加：选择对象(B)"按钮　。单击该按钮，用户以选取对象的方式确定填充区域的边界。用户可以根据需要选取构成填充区域的边界。同样，被选择的边界也会以高亮显示。

（3）"删除边界(D)"按钮　。单击该按钮，用户可以从边界定义中删除以前添加的任何对象。

（4）"重新创建边界(R)"按钮　。单击该按钮，用户可以围绕选定的图案填充或填充对象创建多段线或面域。

（5）"查看选择集(V)"按钮　。单击该按钮，AutoCAD 将临时切换到绘图窗口，将所选择的对象作为填充边界的对象以高亮方式显示。

4."选项"选项组

（1）"注释性(N)"复选框。选中该项，可为填充添加注释。

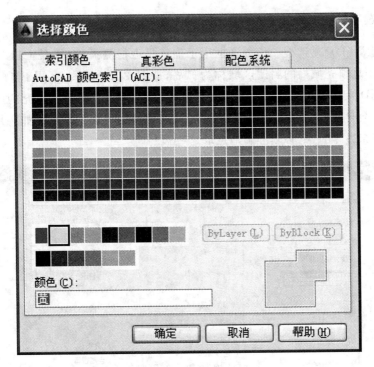

图 4-9 "选择颜色"对话框

（2）"关联（A）"复选框。选中该项,可以确定填充图案与边界的关系,即填充的图案与填充边界保持着关联关系。例如,图案填充后,当使用钳夹（Grips）功能对边界进行拉伸等编辑操作时,AutoCAD 会根据边界的新位置重新生成填充图案。

（3）"创建独立的图案填充（H）"复选框。当指定了几个单独的闭合边界时,选中该项可以控制是创建单个图案填充对象,还是创建多个图案填充对象。例如,图 4-10（a）所示为独立的对象,选中时不是一个整体;图 4-10（b）所示为不独立的对象,选中时是一个整体。

（4）"绘图次序（W）"下拉列表框,用于指定图案填充的绘图顺序。图案填充可以放在其他所有对象之后、其他所有对象之前、图案填充边界之后或图案填充边界之前等。

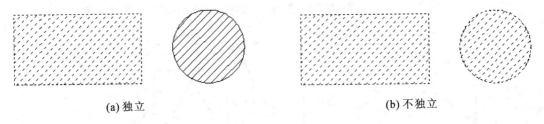

(a) 独立   (b) 不独立

图 4-10 独立与不独立

5. "继承特性（I）"按钮

单击"继承特性（I）"按钮，即选用图中已有的填充图案作为当前的填充图案。

6."孤岛"选项组

（1）"孤岛检测(D)"复选框。该复选框用于确定是否检测孤岛，如图 4-11 所示。在进行图案填充时，把位于总填充域内的封闭区域称为孤岛，如图 4-12 所示。在用 BHATCH 命令进行填充时，AutoCAD 允许用户以点选的方式确定填充边界，即用户在希望填充的区域内任意点取一点，AutoCAD 会自动确定出填充边界，同时也确定出该边界内的孤岛。如果用户是以点取对象的方式确定填充边界的，则必须准确地点取这些孤岛。

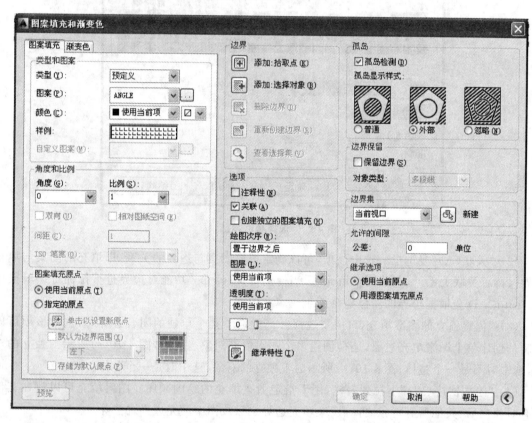

图 4-11 "孤岛"、"边界保留"、"边界集"、"允许的间隙"和"继承选项"选项组

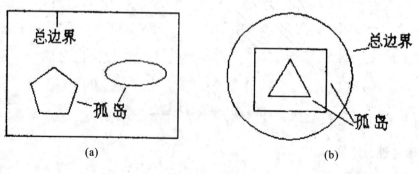

图 4-12 孤岛

（2）"孤岛显示样式"选项。该选项用于确定图案的填充方式。用户可以从三个单选框中选

取所需要的填充方式。默认的填充方式为"普通"。用户也可以在右键快捷菜单中选择填充方式。AutoCAD为用户设置了如下三种填充方式。

①"普通"方式。如图4-13(a)所示,该方式从边界开始,由每条填充线或每个填充符号的两端向里绘制,遇到内部对象与之相交时,填充线或符号断开,直到遇到下一次相交时再继续绘制。采用这种方式时,应避免剖面线或符号与内部对象的相交次数为奇数。该方式为系统内部的默认方式。

②"外部"方式。如图4-13(b)所示,该方式从边界向里绘制剖面符号,只要在边界内部与对象相交,剖面符号便由此断开,而不再继续绘制。

③"忽略"方式。如图4-13(c)所示,该方式忽略边界内的对象,所有内部结构都被剖面符号覆盖。

(a) 普通方式　　　　　　　(b) 外部方式　　　　　　　(c) 忽略方式

图4-13　填充方式

7."边界保留"选项组

该选项组用于指定是否将边界保留为对象,并确定应用于边界对象的对象类型是多段线还是面域。

8."边界集"选项组

该选项组用于定义边界集。当单击"添加:拾取点(K)"按钮以根据一指定点的方式确定填充区域时,有两种定义边界集的方式:一种方式是将包围所指定点的最近的有效对象作为填充边界,即"当前视口"选项,该项是系统的默认方式;另一种方式是用户自己选定一组对象来构造边界,即"现有集合"选项,选定对象通过单击选项组中的"新建"按钮来实现,单击该按钮后,AutoCAD临时切换到绘图窗口,并提示用户选取作为构造边界集的对象,此时若选取"现有集合"选项,AutoCAD会根据用户指定的边界集中的对象来构造封闭边界。

9."允许的间隙"选项组

该选项组用于设置将对象用作图案填充边界时可以忽略的最大间隙。默认值为0,此值指定的对象必须是封闭区域且没有间隙。

10."继承选项"选项组

使用"继承特性"创建图案填充时,该选项组用于控制图案填充原点的位置。

16.2 编辑图案填充

图案填充后，有时需要修改图案填充区域的边界、填充图案比例等。双击填充图案，则弹出"图案填充编辑"对话框，如图4-6所示。在该对话框中可以对所有的选项进行重新设置，单击"确定"按钮后，新的图案便填充完成。

16.3 屋顶、雨篷及台阶的绘制

工程实际操作4-4

在图4-5的基础上，根据尺寸标注绘制出屋顶、雨篷及台阶等构件，如图4-13所示。

绘制过程如下：将"屋顶、雨棚及台阶"图层设置为当前图层，对照平面图与立面图当中的尺寸用"直线"命令、"偏移"命令、"修剪"命令、"图案填充"命令绘制出雨棚和台阶，所绘结果如图4-14所示。

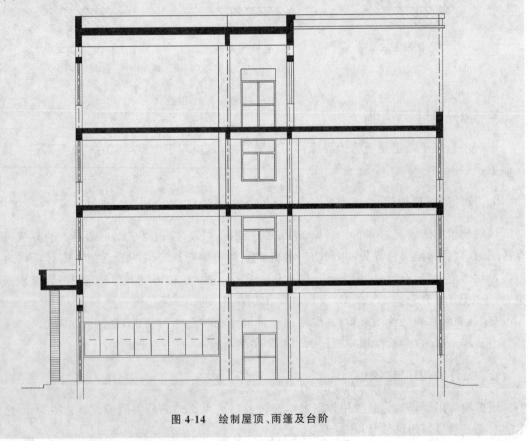

图4-14 绘制屋顶、雨篷及台阶

课题 **17** 尺寸标注

工程实际操作 4-5

在图 4-14 的基础上,设置尺寸标注样式,标注尺寸、标高和图名比例,如图 4-19 所示。

1. 设置尺寸样式标注

选择"格式"→"标注样式"命令,弹出"标注样式管理器"对话框,如图 4-15 所示。单击"修改（M）…"按钮,弹出如图 4-16 所示的"修改标注样式:ISO-25"对话框,根据规范设置参数,单击"确定"按钮完成标注样式的设置。

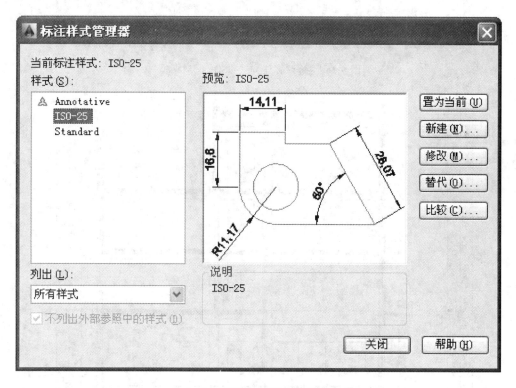

图 4-15 "标注样式管理器"对话框

2. 线性标注

选择"标注"→"线性"命令和"连续"命令,标注图 4-19 所示的 1-1 剖面图的外部尺寸和内部尺寸,如图 4-17 所示。

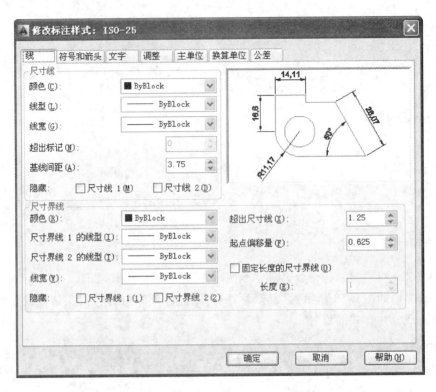

图 4-16 "修改标注样式：ISO-25"对话框

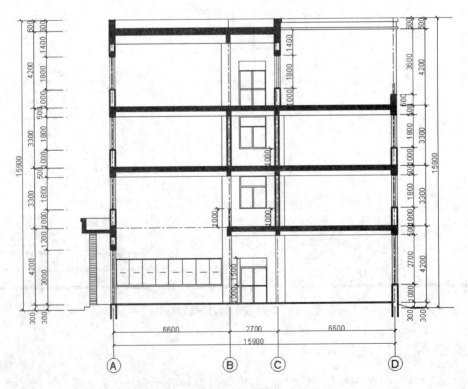

图 4-17 尺寸标注

3. 绘制标高

绘制过程如下：将"标高标注"图层设置为当前图层，使用"直线"、"偏移"、"镜像"和"修剪"等命令绘制出标高，用复制命令或者块命令绘制出剖面图的所有标高，并用文字在其上方输入层高，对照图纸在所绘图形当中进行标高的绘制，如图 4-18 所示。

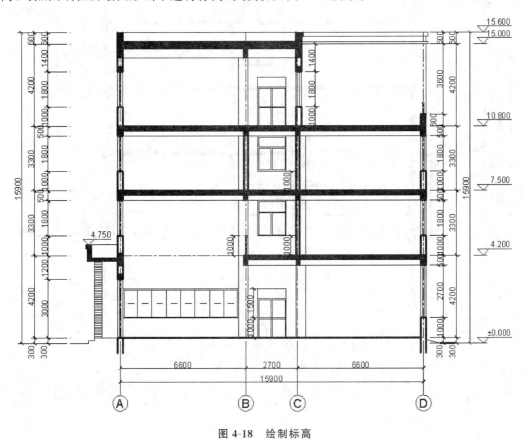

图 4-18 绘制标高

4. 输入文字、比例

在绘制好的剖面图下方，标注轴线编号、图名和比例。见图 4-19 所示。

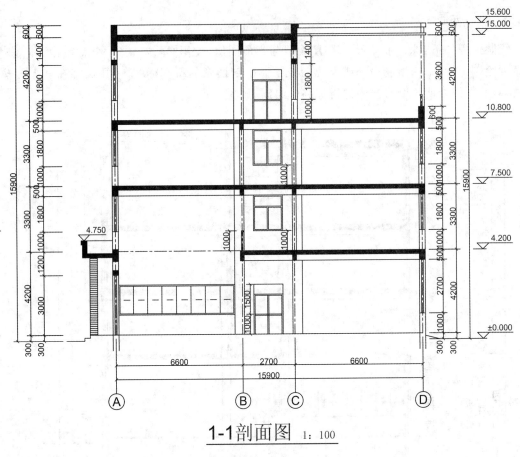

1-1剖面图 1：100

图 4-19 1—1 剖面图

模块 5

建筑详图的绘制

学习目标

学习目标

☆ **模块任务**

掌握绘制建筑详图的基本步骤,熟练掌握绘制时所使用的绘图技巧。

☆ **专业能力**

专业能力:AutoCAD 命令的使用。

☆ **专业知识点**

图层(LAYER)、直线(LINE)、多段线(PLINE)、偏移(OFFSET)、旋转(ROTATE)、图案填充(BHATCH)、尺寸(DIMLINEAR)、单行文字(TEXT)。

　　房屋建筑平面图、立面图、剖面图是全局性图纸，常采用较小的比例尺，如 1∶100、1∶200 等绘制，建筑物上许多细部构造无法表示清楚。所以，用这样的比例在平、立、剖面图中无法表示清楚的内容，需要另外绘制详图或者选用合适的标准图。建筑详图是建筑细部的施工图，是建筑平面图、立面图和剖面图的补充。详图的比例常按需要选用 1∶1、1∶2、1∶5、1∶10、1∶20、1∶30、1∶50 等。

课题 18　节点详图的绘制

　　墙身节点详图如图 5-1 所示，其绘图步骤如下。

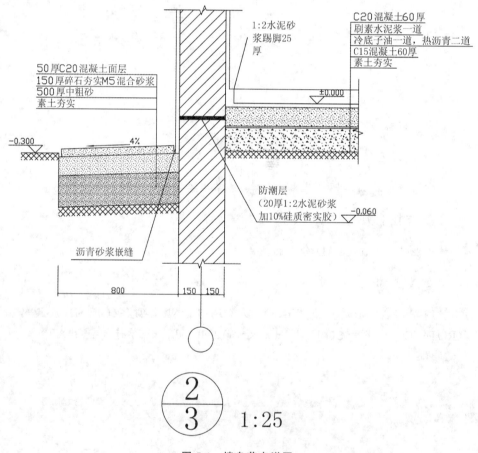

图 5-1　墙身节点详图

18.1 地面与散水的绘制

（1）设置图层。单击"图层"命令按钮，打开"图层特性管理器"对话框，在"图层特性管理器"对话框中分别创建"墙体"、"散水及楼板"、"图案填充"、"尺寸标注"、"文字说明"和"其他"等图层。结果如图 5-2 所示。

图 5-2 "图形特性管理器"对话框

（2）绘制墙体。单击"直线"命令按钮，绘制墙体及一层楼板轮廓，绘制结果如图 5-3 所示。单击"偏移"命令按钮，将墙体及楼板轮廓线向外偏移"20"，并将偏移后的直线设置为细实线，完成抹灰的绘制，绘制结果如图 5-4 所示。

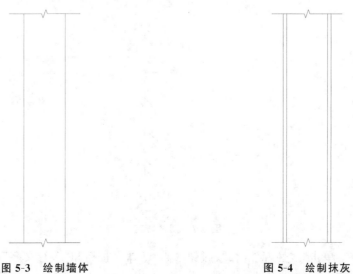

图 5-3 绘制墙体   图 5-4 绘制抹灰

（3）绘制散水及楼板。单击"偏移"命令，将墙线左侧偏移"820"，将一层楼板轮廓线依次向下偏移"300"、"360"、"480"、"680"，然后单击"移动"命令按钮，将向下偏移的直线向左移动，同样方法绘制右侧地面，将一层楼板轮廓线依次向上偏移"25"、"115"依次向下偏移"120"、"180"、"330"。将墙体内边线向右偏移"55"。这样就完成了对散水与楼板的偏移命令，然后对其所偏移的图形进行修剪。结果如图 5-5 所示。

单击"旋转"命令按钮，将移动后的直线以最下侧直线的左端点为基点进行旋转，旋转角度为 2°；单击"修剪"命令按钮，修剪图中多余的直线，绘制结果如图 5-6 所示。

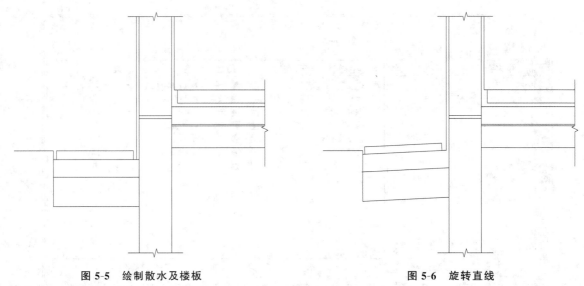

图 5-5　绘制散水及楼板　　　　　　　　　　　图 5-6　旋转直线

（4）图案填充。单击"图案填充"命令按钮，依次填充各种材料图例，钢筋混凝土采用"ANSI31"和"AR-COMC"图案的叠加，砖墙采用"ANSI31"图案，素土采用"ANSI37"图案，素混凝土采用"AR-CONC"图案，绘制结果如图 5-7 所示。

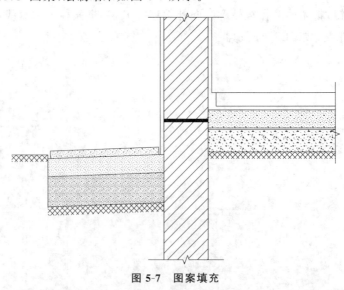

图 5-7　图案填充

（5）尺寸标注。单击"线性标注"命令按钮、"直线"命令按钮和"多行文字"命令按钮，进行尺寸标注，绘制结果如图 5-8 所示。

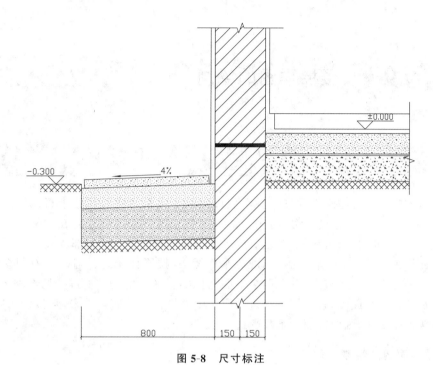

图5-8　尺寸标注

（6）文字说明。单击"直线"命令按钮，绘制引出线，然后单击"多行文字"命令按钮，说明散水的多层次构造，最终完成散水节点详图的绘制。绘制结果如图5-9所示。

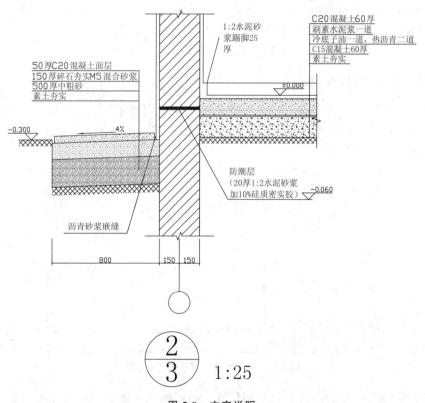

图5-9　文字说明

课题 **19** 楼梯详图的绘制

19.1 楼梯平面图的绘制

楼梯平面图的形成与建筑平面图一样。假设用一个水平面在该层往上行的第一楼梯段中剖切开，移去剖切平面及以上的部分，将余下的部分按正投影的原理投射在水平投影面上所得的图形，称为楼梯平面图。楼梯平面图是房屋平面图中楼梯间部分的局部放大。

楼梯平面图有三个（底层平面图、标准层平面图、顶层平面图），三者之间有很多相同的部分。可以以标准层平面作为重点，其余两个平面在标准层平面的基础上进行局部修改完成。若前面已经绘制了建筑平面图，就只需将建筑平面图中的楼梯部分剪切下来，直接调用即可；若需要绘制新的楼梯平面图，则要按照如下步骤进行。

1. 楼梯平面图的绘制步骤

（1）根据楼梯间的开间、进深尺寸画出墙身轴线、墙厚、门窗洞口的位置。

（2）画出平台宽度、楼梯长度及栏杆位置。其中，楼梯段长度等于踏面宽度乘以踏面数（踏面数即踏步数减1）。

（3）根据踏面宽度和踏步数绘制踏面，画箭头标注上下方向。

（4）注明标高、尺寸、比例、文字说明等。

2. 楼梯平面图的绘制过程

（1）设置图层。单击"图层"命令按钮，打开"图层特性管理器"对话框，在"图层特性管理器"对话框中分别创建"轴线"、"墙体"、"门窗"、"细实线"、"尺寸标注"、"文字说明"和"其他"等图层。绘制结果如图5-10所示。

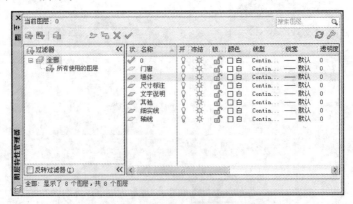

图 5-10 "图层特性管理器"对话框

（2）绘制墙身轴线、墙厚及门窗洞口的位置。具体操作步骤如下。

① 将"轴线"图层设置为当前图层,绘制轴线。

② 将"墙体"图层设置为当前图层,在轴线的基础上画出墙线,修剪掉多余的部分。

③ 将"门窗"图层设置为当前图层,绘制门窗。

④ 设置"细实线"图层为当前图层,补充其他线条,如折断线等。

绘制结果如图 5-11 所示。注意:根据前面所学知识,选择图层的线型、线宽、颜色等。

(3)画出平台宽度、楼梯长度及栏杆位置。具体操作步骤为:将"细实线"图层设置为当前图层,用"偏移"命令在轴线、墙体的基础上绘制楼梯平台宽度、楼梯长度、楼梯井的位置等。绘制结果如图 5-12 所示。

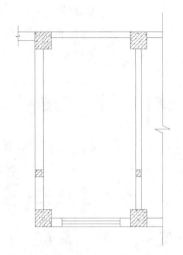

图 5-11　标准层平面图绘制一

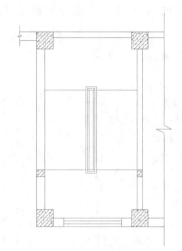

图 5-12　标准层平面图绘制二

(4)根据踏步的宽度和踏步数,绘制踏面。具体操作步骤为:将"细实线"图层置为当前,根据踏面宽度和踏步数,在楼梯平台边界线的基础上,用"偏移"命令绘制踏面,并用"多段线"命令绘制楼梯上的箭头,并注明上下方向。绘制结果如图 5-13 所示。

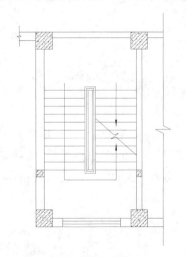

图 5-13　标准层平面图绘制三

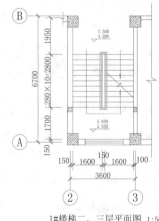

图 5-14　标准层平面图绘制四

(5)标注标高、尺寸、比例和文字说明等。具体操作步骤为:将"标注"图层设置为当前图层。标注楼梯平面图上的图文信息,如图 5-14 所示。

① 文字标注。根据要求设置文字样式，置为当前。使用"单行文字"命令标注标高、文字说明、轴线号和图纸名称等。

② 尺寸标注。根据要求设置尺寸标注样式，置为当前。首先使用"线性标注"命令，标注第一道尺寸线的第一个尺寸；然后使用"连续标注"命令标注第一道尺寸线的其他尺寸。对于尺寸数字需要修改的，可调用"对象特性"命令，在文字替代中修改尺寸数字。

3. 楼梯平面图的绘制过程

底层平面图、标准层平面图和顶层平面图，这三者之间有很多相同的部分。标准层绘制结束后，再向左右分别复制一个，即可形成底层楼梯平面图和顶层楼梯平面图的雏形，再对其进行局部修改即可。最终绘制结果如图 5-15 所示。

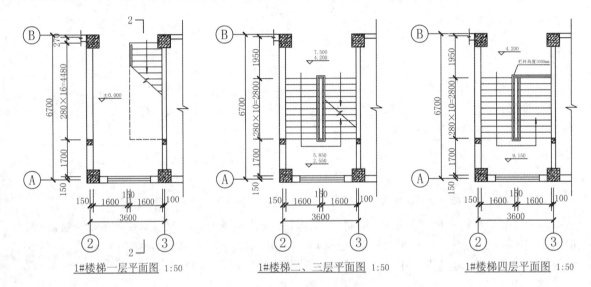

图 5-15　楼梯平面图

19.2　楼梯剖面图的绘制

假设用一个垂直剖切平面，通过各层的一个楼梯段将楼梯剖切开，向另一面剖切到的楼梯段方向进行投影，所绘制的剖面图即为楼梯剖面图。楼梯剖面图的作用是完整、清晰地表明各层楼梯段及休息平台的标高，楼梯的踏步步数、踏面宽度及踢面高度，各种构件的搭接方法，楼梯栏杆的形式及高度，楼梯间各层门窗洞口的标高尺寸。

1. 楼梯平面图的绘制步骤

具体操作步骤如下。

(1) 设置图层。单击"图层"命令按钮，打开"图层特性管理器"对话框，在"图层特性管理器"对话框中分别创建"轴线"、"墙体"、"门窗"、"细实线"、"尺寸标注"、"文字说明"和"其他"等图层。绘制结果如图 5-16 所示。

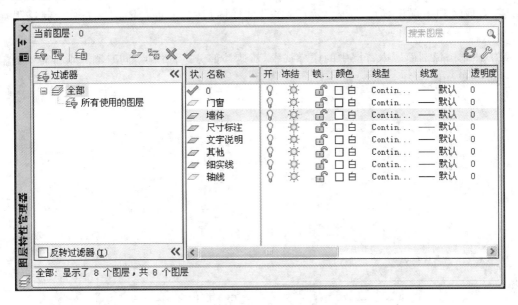

图 5-16 "图层特性管理器"对话框

（2）绘制辅助线。将"轴线"图层设置为当前图层，使用"直线"和"偏移"命令，根据图示尺寸沿建筑物高度方向绘制底面线、平台线及楼面线等水平线，沿水平方向绘制轴线、台阶起步线、平台宽度线、墙体轮廓线等竖直线。绘制结果如图 5-17 所示。

（3）绘制踏步。

① 根据楼梯踏步高 150、踏面宽 280，绘制第一步踏步，然后用"复制"命令复制出所有踏步，并绘制出平台和地面。绘制结果如图 5-18 所示。

② 以楼梯平台为镜像中心，将所有踏步镜像。绘制结果如图 5-19 所示。

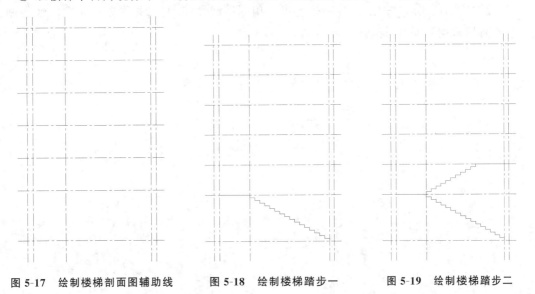

图 5-17　绘制楼梯剖面图辅助线　　图 5-18　绘制楼梯踏步一　　图 5-19　绘制楼梯踏步二

（4）按照图示的尺寸和位置，补充本层楼梯剖面图的其他轮廓线，如抹灰线、踏步底线、底面底线、平台底线和一层楼梯墙线等。然后在各轮廓线的基础上进行图案填充。绘制结果如图5-20所示。

（5）补充楼梯剖面层中首层中的楼梯扶手，对遮挡部分进行修剪，同时删除不再需要的辅助线。绘制结果如图5-21所示。

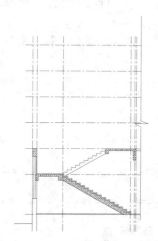

图 5-20　绘制楼梯其他轮廓线一　　　　图 5-21　绘制楼梯其他轮廓线二

（6）在楼梯剖面层绘制完成的基础上绘制上层部分。将首层所绘制的图形进行部分复制，根据图示进行相应修改，并补充其他轮廓线。绘制结果如图5-22所示。

（7）标注楼梯剖面图中的文字和尺寸。绘制结果如图5-23所示。

2．绘制楼梯剖面图的注意事项

（1）根据梯段之间的遮挡关系，用细线表示被遮挡部分，并将被遮挡部分删除。

（2）粗细线的控制方法有两种：一是可以采用图层线宽控制；二是可以利用多段线控制线宽。用户可以根据需要自行选择。

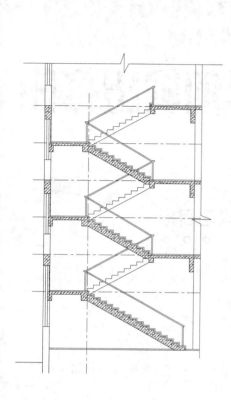

图 5-22　绘制上层楼梯剖面

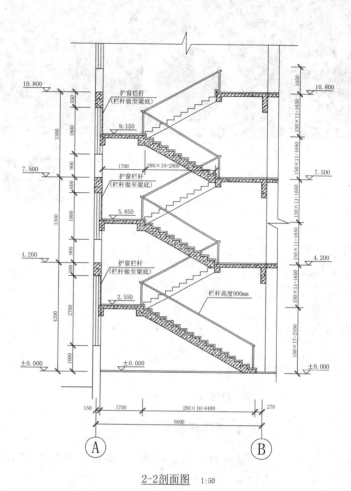

2-2剖面图　1:50

图 5-23　楼梯剖面图

图形的输出打印

学习目标

☆ 模块任务

通过对本模块的学习,合理地对"打印"对话框进行设置,能够打印出用户需要的工程图样。

☆ 专业能力

通过学习使学生了解模型空间及图纸空间、打印样式、布局的创建等知识,掌握模型窗口及图纸窗口、页面设置等内容,掌握建筑施工图输出的具体方法和技巧。

☆ 专业知识点

(1)模型空间和图纸空间二者之间的切换。

(2)图纸空间。

(3)打印样式的设置。

(4)布局的新建、复制、移动、删除和重命名。

(5)设置"页面设置管理器"。

(6)设置页面参数。

(7)打印机的连接。

(8)打印预览及输出。

 **课题 20** 模型空间及图纸空间

20.1 模型空间

模型空间是指可以在其中绘制二维和三维模型的三维空间,在这个空间中可以使用 AutoCAD 的全部绘图、编辑和显示命令,它是 AutoCAD 为用户提供的主要工作空间。 AutoCAD 在运行时自动默认在模型空间中进行图形的绘制与编辑。

20.2 图纸空间

图纸空间是一个二维空间,图纸空间主要用于图纸打印前的布图、排版、添加注释、图框和 设置比例等工作。同时,还可以将视图作为一个对象,进行复制、移动和缩放等操作。单击"布 局"选项卡,进入图纸状态。

20.3 模型空间和图纸空间的切换

在"布局"选项卡中,也可以在图纸空间和模型空间这两种状态之间进行切换,状态栏中将 显示出当前所处的状态,单击相应按钮可以进行切换,如图 6-1 所示。

图 6-1 图纸空间状态

模型空间中所有操作都会反映到图纸空间视口中,图纸空间中创建的视口为浮动视口,浮 动视口相当于模型空间中的视口对象,可以在浮动视口中处理编辑模型空间的对象。当切换到 图纸空间状态时,可以进行视口创建、修改、删除操作,也可进行图形绘制、文字书写、尺寸标注、 图框插入等操作,但不能修改视口后面模型空间中的图形。而且在此状态中绘制的图形、注写 的文字只存在于图形空间中,当切换到"模型"选项卡中查看时,将看不到这些操作的结果。当 切换到模型空间状态时,视口被激活,即通过视口进入了模型空间,可以对其中的图形进行各种 操作。

课题 **21** 模型窗口及图纸窗口

21.1 模型窗口

从模型空间中输出图形前，应先对要打印的图形进行页面设置，然后再输出图形。下面以明德小学总平面图为例讲解在模型空间中输出图形的方法。

1．打印图形的页面设置

（1）在 AutoCAD 2014 中打开软件，选择"文件"→"页面设置"命令，弹出如图 6-2 所示的"页面设置管理器"对话框。

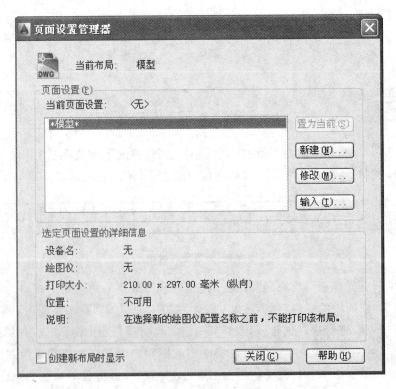

图 6-2 "页面设置管理器"对话框

（2）单击"修改（M）…"选项卡对打印布局进行设置，弹出如图 6-3 所示的对话框。

（3）在该对话框的"打印机/绘图仪"选项组中，根据用户的情况选择一种打印机设备。

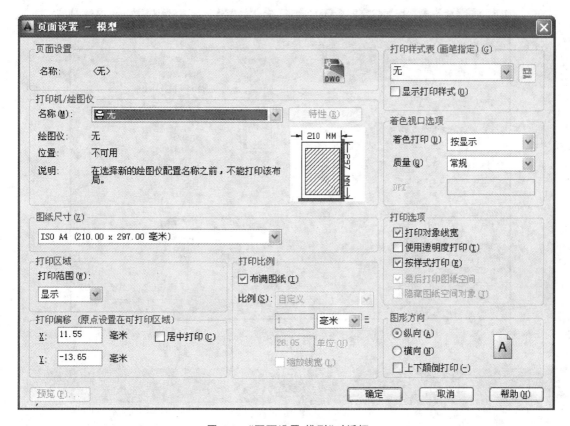

图 6-3 "页面设置-模型"对话框

（4）在该对话框右侧的"打印样式表（画笔指定）（G）"下拉列表框中选择或编辑一种打印样表。

（5）在该对话框的"图纸尺寸"下拉列表框中根据需要设置图纸大小和出图单位，如图 6-3 所示。

（6）在"图形方向"选项组中设置出图方向，根据需要选择横向或纵向选项。

（7）单击"确定"按钮，完成模型空间的打印页面设置。

2．从模型空间中直接打印输出图形

（1）在 AutoCAD 2014 软件中，选择"文件"→"打印"命令，弹出如图 6-4 所示的"打印-模型"对话框。在该对话框的"打印机/绘图仪"和"打印样式表（画笔指定）（G）"选项组中显示了在页面设置中所选择的打印机设备及打印样式。

（2）在该对话框的"打印比例"选项组中根据需要设置相关参数。

（3）在"打印偏移（原点设置在可打印区域）"选项组中选中"居中打印（C）"复选框。

（4）在"打印范围（W）"下拉列表框中选中"窗口"选项，将需要打印的图形用鼠标框选，然后单击"确定"按钮完成设置。

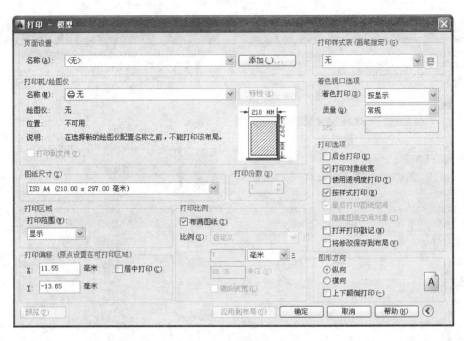

图 6-4 "打印-模型"对话框

21.2 图纸窗口

1. 布局图形的打印页面设置

用户在模型空间完成图形绘制后,在 模型 布局1 布局2 中选择 布局1 图层,进入图纸空间的布局。进入图纸空间布局后,首先应对打印机进行设置,以及对布局的图形打印页面进行设置。若用户使用系统默认设置,选择 布局1 图层后,弹出如图 6-5 所示的"页面设置-布局 1"对话框,在该对话框中可以对打印页面进行设置。具体操作步骤如下。

(1) 选择"文件"→"页面设置"命令,弹出如图 6-5 所示的"页面设置-布局 1"对话框。

(2) 在该对话框的"图纸尺寸(Z)"选项组中,根据需要设置图纸大小和出图单位,如图 6-5 所示。

(3) 在"图形方向"选项组中设置出图方向,根据需要选择"横向(N)"或"纵向(A)"单选框。

(4) 单击"确定"按钮完成打印页面的设置。

(5) 在命令行中输入 ZOOM 命令,命令行提示如下。

指定窗口角点,输入比例因子(nX 或 nXP):

或

[全部(A)/中心点(C)/动态(D)/范围(E)/上一个(P)/比例(S)/窗口(W)]< 实时>:

在该命令行提示后输入"A",从而显示整个图形。

2. 从布局中直接打印输出图形

选择"文件"→"打印"命令,弹出如图 6-6 所示的"打印-布局 1"对话框。在该对话框的"打印

图 6-5 "页面设置-布局 1"对话框

机/绘图仪"选项组和"打印样式表(画笔指定)(G)"选项组中显示了在页面设置中所选择的打印机设备及打印样式。在该对话框的"打印比例"选项组中根据需要对相关参数进行设置。

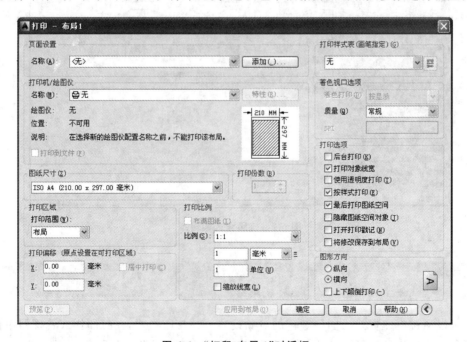

图 6-6 "打印-布局 1"对话框

在该对话框的"打印范围(W)"下拉列表框中选中"布局"选项,然后再单击"确定"按钮完成设置。

 打印样式

22.1 打印样式设置

选择"文件"→"打印样式管理器"命令，弹出打印样式管理器窗口，如图 6-7 所示。该窗口中有打印样式表文件、颜色相关的打印样式表文件和"添加打印样式表向导"快捷方式，可以选择添加前面两种类型的新样式表。

图 6-7 打印样式管理器

22.2 颜色相关的打印样式

用户可以通过打印样式为同一颜色的对象设置一种打印样式，在打印样式管理器中任意打开一个颜色相关的打印样式表文件，即打开了"打印样式表编辑器"对话框，该对话框中包括"常规"、"表视图"和"表格视图"三个选项卡，如图 6-8 至图 6-10 所示。"常规"选项卡中列出了一些基本信息，在"表视图"和"表格视图"选项卡中可以对颜色、抖动、灰度、笔号、虚拟笔号、淡显、线型、线宽、线条端点样式、线条连接样式和填充样式等各项特性进行设置。

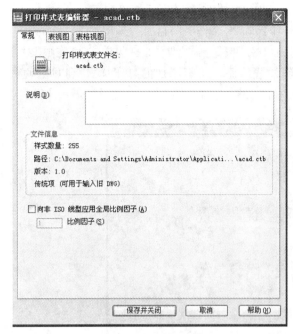

图 6-8　"常规"选项卡

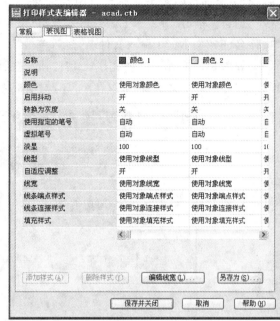

图 6-9　"表视图"选项卡

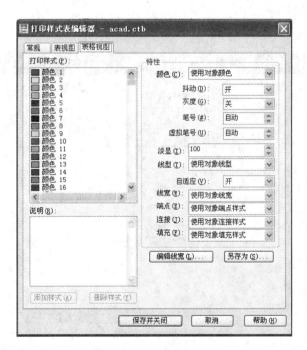

图 6-10　"表格视图"选项卡

　　也可以通过"添加打印样式表向导"来添加自定义的新样式。双击"添加打印样式表向导"，弹出"添加打印样式表"对话框，如图 6-11 所示。单击"下一步(N)"按钮，弹出"添加打印样式表-开始"对话框，如图 6-12 所示，选择"创建新打印样式表(S)"选项，然后单击"下一步(N)"按钮,弹出"添加打印样式表-选择打印样式表"对话框,如图6-13所示,选择"颜色相关打印样式表(C)"选项。单击"下一步(N)"按钮,弹出"添加打印样式表-文件名"对话框,如图6-14所示,在"文件名(F)"文本框中输入文件名,然后单击"下一步(N)"按钮,弹出"添加打印样式表-完成"对话框,如图6-15所示,单击"完成(F)"按钮,完成新样式的添加。新添加的打印样式可以在"页面设置"对话框中选用,也可以在"打印"对话框中选用,如图6-16所示。

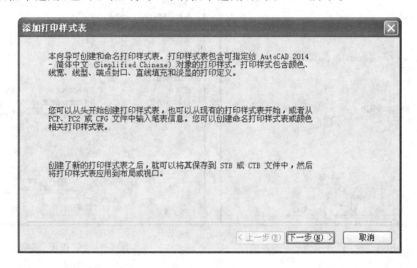

图6-11 "添加打印样式表"对话框

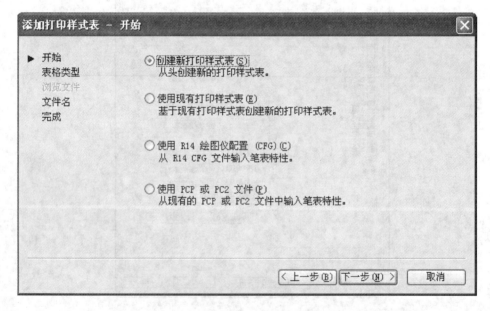

图6-12 "添加打印样式表-开始"对话框

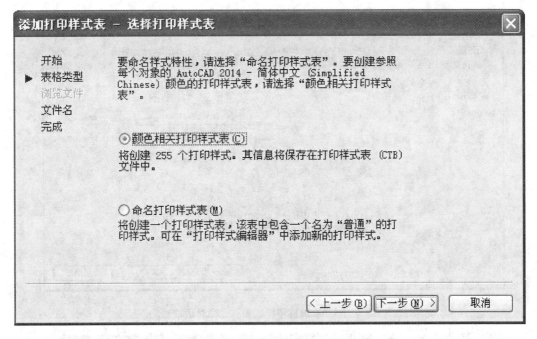

图 6-13 "添加打印样式表-选择打印样式表"对话框

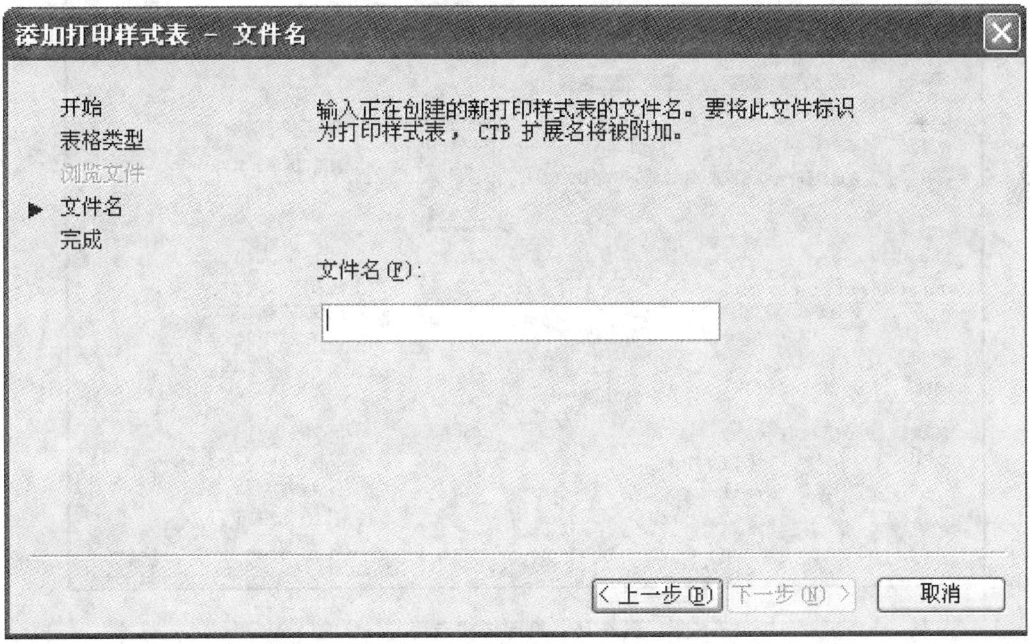

图 6-14 "添加打印样式表-文件名"对话框

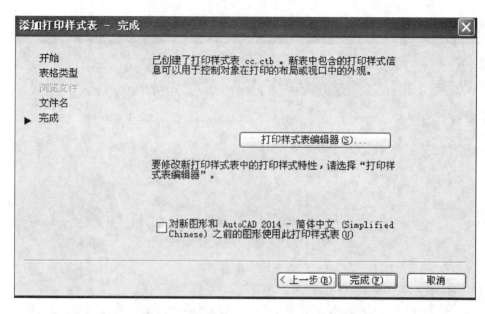

图 6-15　"添加打印样式表-完成"对话框

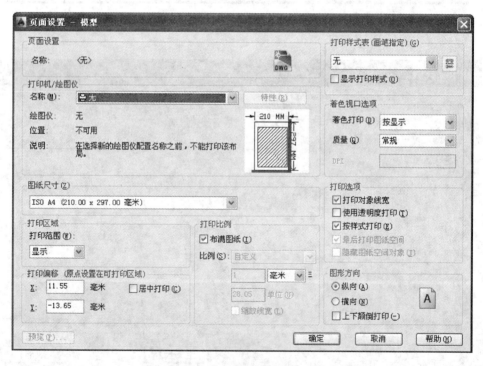

图 6-16　打印样式选用

22.3　命名打印样式

命名打印样式是指每个打印样式由一个名称管理。在启动 AutoCAD 时，系统默认新建图形采用颜色相关打印样式。如果要采用命名打印样式，可以选择"工具"→"选项"命令，在弹出的"选项"对话框中设置，如图 6-17 所示。在"选项"对话框中选择"打印和发布"选项卡，单击右下角的"打印样式表设置(S)…"按钮，弹出"打印样式表设置"对话框，如图 6-18 所示。在"新图形的默认打印样式"选项组中选择"使用命名打印样式(N)"单选框，然后单击"确定"按钮，完成采用命名打印样式的设置。

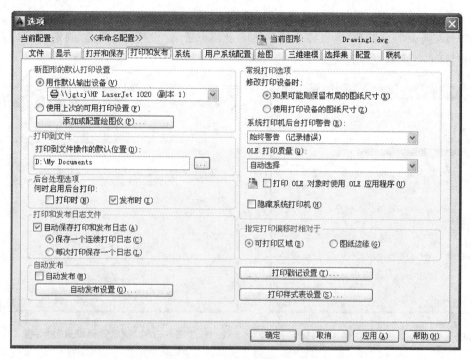

图 6-17 "选项"对话框

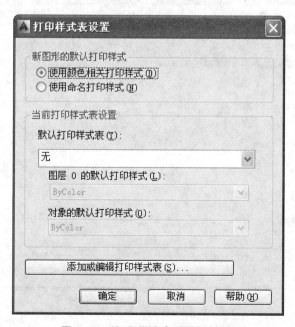

图 6-18 "打印样式表设置"对话框

设置命名打印样式后，用户可以在同一个样式表中修改、添加命名样式。相同颜色的对象可以采用不同的命名样式，不同颜色的对象也可以采用相同的命名样式，关键是将样式设置给特定的对象。可以在"特性"窗口以及"图层管理器"对话框、"页面设置"对话框或"打印"对话框中进行设置。下面以在"页面设置"对话框中进行设置的操作为例。

选择"文件"→"页面设置管理器"命令，弹出"页面设置管理器"对话框，如图 6-19 所示。单击"新建（N）…"按钮，弹出"新建页面设置"对话框，如图 6-20 所示。可以在"新页面设置名（N）"文本框中输入新页面设置名，也可以使用默认的页面设置名"设置 1"，单击"确定"按钮，弹出"页面设置-设置 1"对话框，如图 6-21 所示。

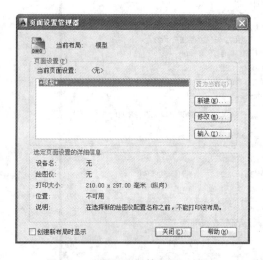

图 6-19 "页面设置管理器"对话框

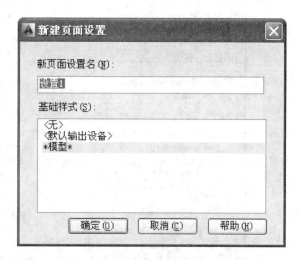

图 6-20 "新建页面设置"对话框

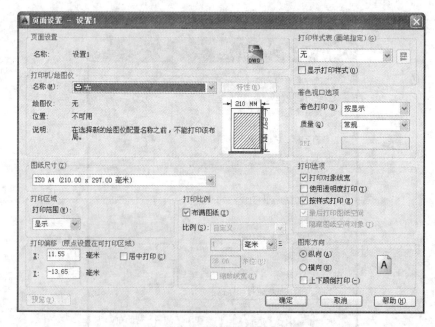

图 6-21 "页面设置-设置 1"对话框

课题 23 布局图

在布局中可以创建并放置视口对象,还可以添加标题栏或其他几何图形。可以在图形中创建多个布局以显示不同的视图,每个布局可以包含不同的打印比例和图纸尺寸。

23.1 新建布局

1. 创建新布局的目的

(1) 可以创建包含不同图纸尺寸和方向的新图形样板文件。

(2) 可以将带有不同的图纸尺寸、方向和标题的布局添加到现有图形中。

2. 创建新布局的方法

1) 直接创建新布局

直接创建新布局有如下两种模式。

(1) 右击"布局选项卡",在弹出的右键快捷菜单中选择"新建布局(N)"选项,如图6-22所示。

(2) 从其他图形文件中选用一个布局来新建布局。在如图6-22所示的右键快捷菜单中选择"来自样板(T)"选项,弹出"从文件选择样板"对话框,如图6-23所示。从对话框中选择一个图形样板文件,然后单击"打开(O)"按钮,弹出"插入布局"对话框,如图6-24所示,然后单击"确定"按钮,就完成了来自样板的布局创建。

2) 使用"布局"向导

新建布局常用的方法是使用"创建布局"向导。一旦创建了布局,就可以替换标题栏并创建、删除和修改布局。

(1) 选择"工具"→"向导"→"创建布局"命令,弹出"创建布局-开始"对话框,如图6-25所示。在"输入新布局的名称(M)"中输入新布局的名称,用户可以自定义名称,也可以按照系统默认的名称继续进行操作。

(2) 单击"下一步(N)"按钮,弹出"创建布局-打印机"对话框,如图6-26所示。在其中用户

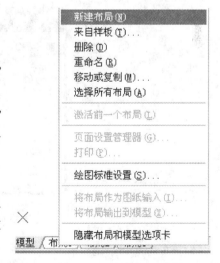

图6-22 新建空白布局

图 6-23 "从文件选择样板"对话框

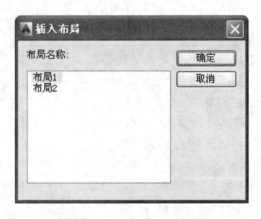

图 6-24 "插入布局"对话框

可以为新布局选择绘图仪。

（3）单击"下一步(N)"按钮，弹出"创建布局-图纸尺寸"对话框，如图 6-27 所示。用户可以为新布局选择合理的图纸尺寸，并选择新布局的图纸单位。图纸尺寸根据不同的打印设备可以有不同的选择，图纸单位有"毫米(M)"和"英寸(I)"两种，一般以"毫米(M)"为基本单位。

（4）单击"下一步(N)"按钮，弹出"创建布局-方向"对话框，如图 6-28 所示。在该对话框中选择图形在新布局图纸上的排列方式，即"横向(L)"或"纵向(T)"方式，根据图形大小和图纸尺

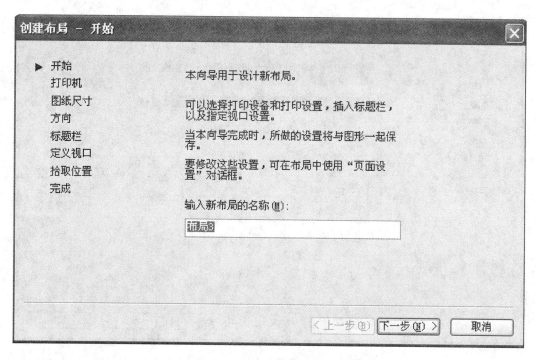

图 6-25　"创建布局-开始"对话框

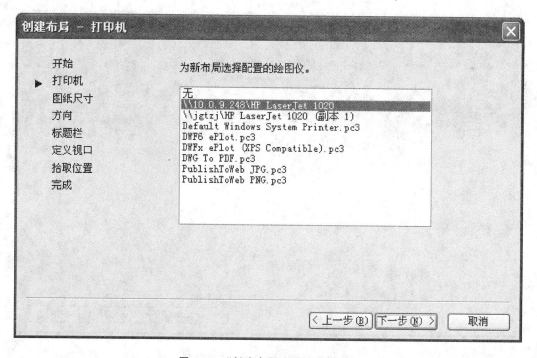

图 6-26　"创建布局-打印机"对话框

寸选择合适的方向。

（5）单击"下一步(N)"按钮，弹出"创建布局-标题栏"对话框，如图 6-29 所示。在该对话框

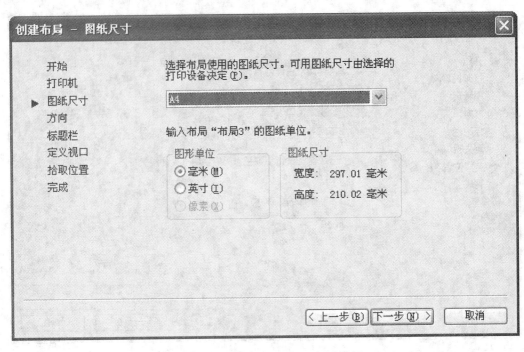

图 6-27 "创建布局-图纸尺寸"对话框

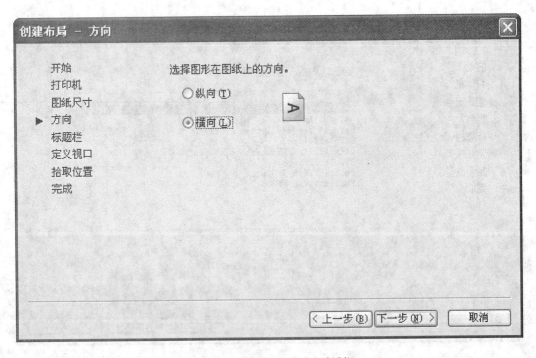

图 6-28 "创建布局-方向"对话框

中选择用于插入新布局中的标题栏。系统提供的标题栏有很多种,根据不同的标准和图纸尺寸定的,所以用户可以根据实际情况选择合适的标题栏插入。

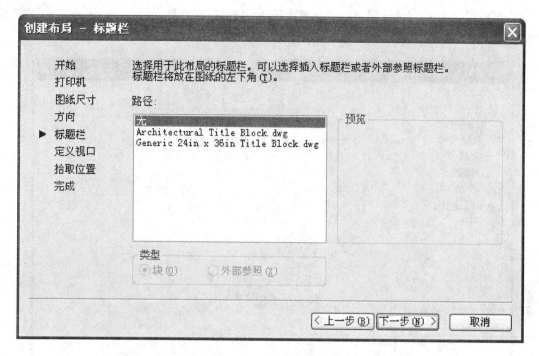

图 6-29 "创建布局-标题栏"对话框

（6）单击"下一步（N）"按钮，弹出"创建布局-定义视口"对话框，如图 6-30 所示。在这个对话框中可以选择新布局中视口的数目、类型和比例等。

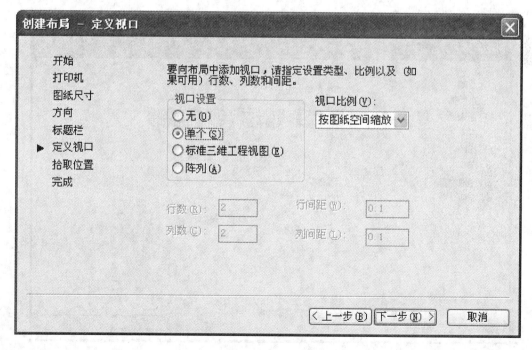

图 6-30 "创建布局-定义视口"对话框

（7）单击"下一步（N）"按钮，弹出"创建布局-拾取位置"对话框，如图 6-31 所示。单击"选择位置（L）"按钮，可以在新布局内选择要创建的视口配置的角点来指定视口配置的位置。

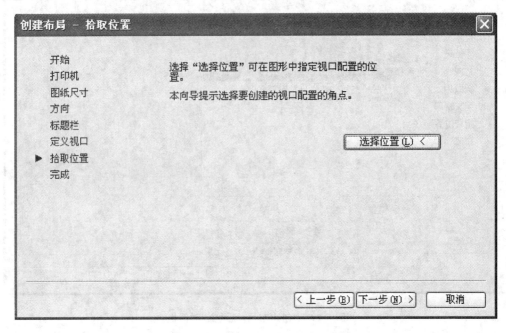

图 6-31 "创建布局-拾取位置"对话框

（8）单击"下一步（N）"按钮，弹出"创建布局-完成"对话框，如图 6-32 所示。这样就完成了一个新布局的创建。

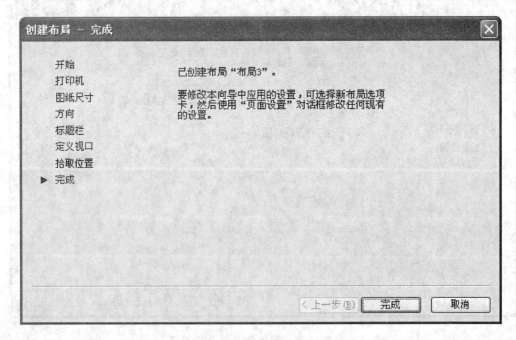

图 6-32 "创建布局-完成"对话框

23.2 删除布局图

如果现有的布局已经没有任何作用时,可以将其删除,具体操作步骤如下。

(1)右击要删除的布局,如图 6-33 所示,在弹出的右键快捷菜单中选择"删除(D)"选项。

(2)系统弹出提示窗口,如图 6-34 所示,单击"确定"按钮,删除布局。

图 6-33　删除布局

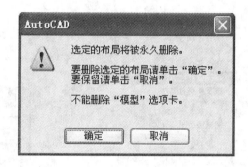

图 6-34　警告窗口

23.3 重命名布局

对默认的布局名称不满意的话,布局名称可以进行重命名,具体操作步骤如下。

(1)右击需要重命名的布局,如图 6-35 所示,在弹出的右键快捷菜单中选择"重命名(R)"选项。

(2)布局名称变为可修改状态,如图 6-36 所示,输入新布局名,然后按回车键,完成重命名操作。

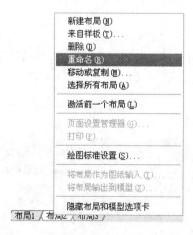

图 6-35　重命名布局

图 6-36　重命名布局对话框

23.4 移动或复制布局

有时需要移动布局到适当的地方或者需要复制某个布局内容，此时具体操作步骤如下。

（1）右击要移动的布局，如图 6-37 所示，在弹出的右键快捷菜单中选择"移动或复制（M）"选项。

（2）系统弹出"移动或复制"对话框，如图 6-38 所示。如果选中"创建副本（C）"复选框，则复制布局，若不选该复选框则为移动布局，然后单击"确定"按钮，完成移动或复制布局的操作。

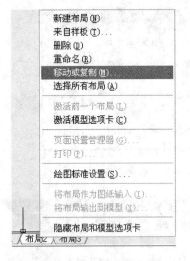

图 6-37 移动或复制布局

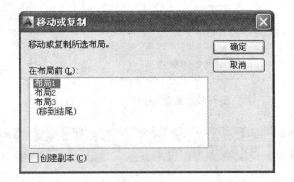

图 6-38 移动或复制布局对话框

课题 24 打印出图

在打印图形之前还需要设置相关的打印参数，方可打印出需要的图形。

24.1 执行途径

（1）选择"文件"→"打印"命令。

（2）单击"标准"工具栏中的"打印"按钮。

24.2　操作步骤

执行"打印"命令后,弹出如图 6-39 所示的"打印-模型"对话框,在该对话框中可以对打印参数进行设置。

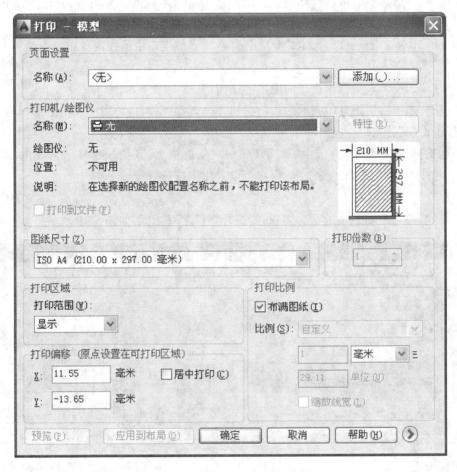

图 6-39　"打印-模型"对话框

"打印-模型"对话框具体介绍如下。

1)"页面设置"选项组

在"页面设置"选项组中的"名称(A)"下拉列表框中可以选择所要应用的页面设置名称,也可以单击"添加(.)…"按钮添加其他的页面设置,如果没有进行页面设置,可以选择"〈无〉"选项。

2)"打印机/绘图仪"选项组

在"打印机/绘图仪"选项组中的"名称(M)"下拉列表框中可以选择要使用的打印机或绘图仪。选中"打印到文件(F)"复选框,则图形输出到文件后再打印,而不是直接从绘图仪或者打印机打印。

3）"图纸尺寸(Z)"选项组

在"图纸尺寸(Z)"选项组的下拉列表框中可以选择合适的图纸幅面,并且在对话框的右上角可以预览图纸幅面的大小。

4）"打印区域"选项组

"打印区域"选项组中,"打印范围(W)"下拉列表框中的各选项介绍如下。

(1)"图形界限"选项　可以打印指定图纸尺寸的页边距内的所有内容,其原点从布局中的(0,0)点计算得出。从"模型"空间打印时,将打印图形界限定义的整个图形区域。

(2)"显示"选项　表示打印选定的是"模型"空间当前视口中的视图或布局中的当前图纸空间视图。

(3)"窗口"选项　表示打印指定的图形的任何部分。

(4)"范围"选项　用于打印图形的当前空间部分,当前空间内的所有几何图形都将被打印。

5）"打印比例"选项组

在"打印比例"选项组中,当选中"布满图纸(I)"复选框后,其他选项显示为灰色,不能修改其参数。不选中"布满图纸(I)"复选框,用户可以对比例进行设置。

6）展开"打印"选项组

单击"打印"对话框右下角的箭头按钮,则展开"打印"对话框,如图 6-40 所示。

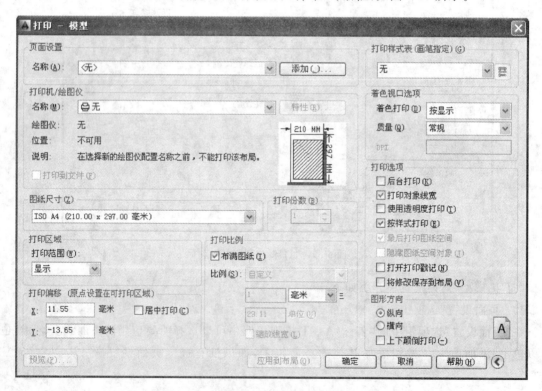

图 6-40　展开"打印"对话框

7）选择合适的打印样式表

在展开选项中,可以在"打印样式表(画笔指定)(G)"选项组的下拉列表框中选择合适的打印样式表。在"图纸方向"选项组中可以选择图形打印的方向和文字的位置,如果选中"上下颠倒打印(反向打印)(二)"复选框,则打印内容将要反向。

8)预览打印效果

单击"预览(P)…"按钮可以对打印图形效果进行预览,若对某些设置不满意可以返回修改。在预览中,按回车键可以退出预览并返回"打印"对话框。

9)打印

单击"确定"按钮进行打印。

输出图形到 Word 文档中

25.1 方法一

(1)在 AutoCAD 中,选择"文件(F)"→"输出(E)"命令,选择" ＊.wmf"格式,选择设置保存的路径,输入文件名,如图 6-41 和图 6-42 所示。

(2)打开 Word。用鼠标确定好插入点,选择"插入"→"图片"→"来自文件(P)"命令,查找刚保存的那个" ＊.wmf"格式的 AutoCAD 图,如图 6-43 至图 6-45 所示。

(3)利用 Word 提供的工具调整图片大小和文字的排版位置关系等。

图 6-41　执行"输出(E)"命令

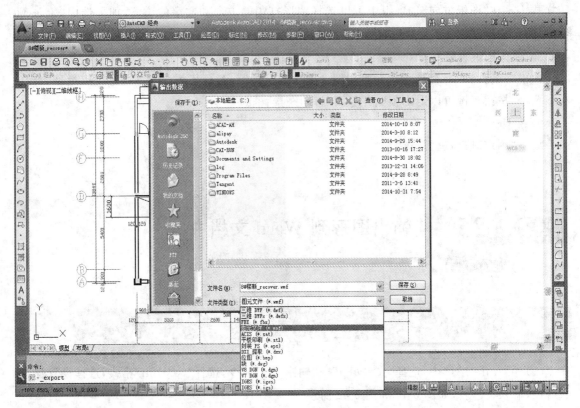

图 6-42　选择文件类型

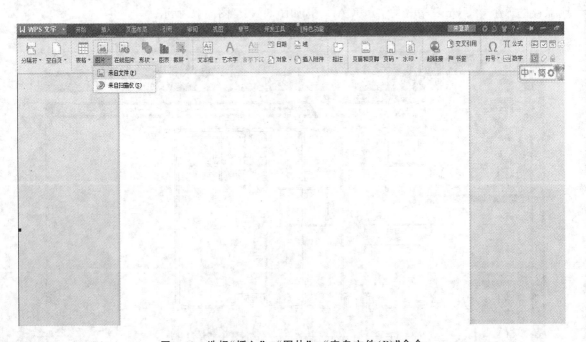

图 6-43　选择"插入"→"图片"→"来自文件(P)"命令

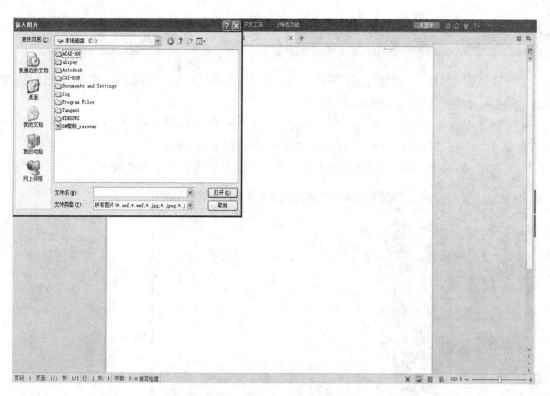

图 6-44 选择"∗.wmf"文件

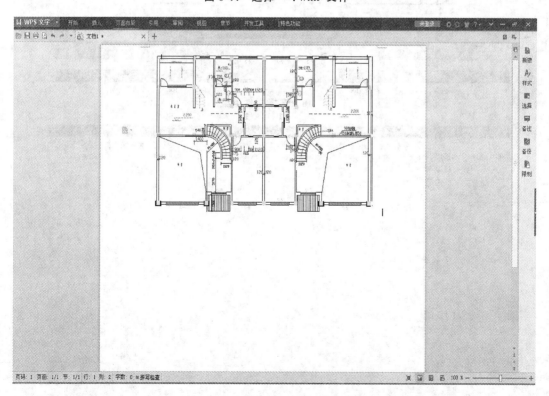

图 6-45 在 Word 中插入"∗.wmf"文件

25.2 方法二

（1）在 AutoCAD 中，选择"文件(F)"→"输出(E)"命令，选择" ∗ . eps"格式，选择设置保存的路径，输入文件名，如图 6-46 所示。

（2）打开 Word。用鼠标确定插入点，选择"插入"→"图片"→"来自文件(P)"命令，查找刚保存的那个" ∗ . eps"格式的 AutoCAD 图，如图 6-47 至图 6-49 所示。

（3）利用 Word 提供的工具调整图片大小和文字的排版位置关系等参数。

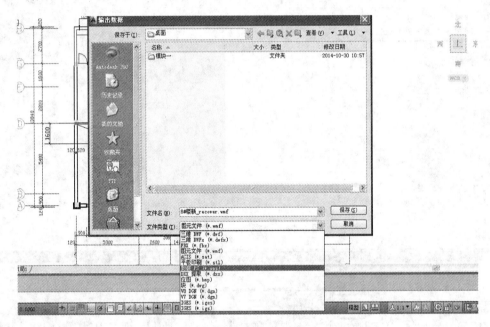

图 6-46　选择文件类型

图 6-47　选择"插入"→"图片"→"来自文件(P)"命令

图 6-48　选择"＊.esp"文件

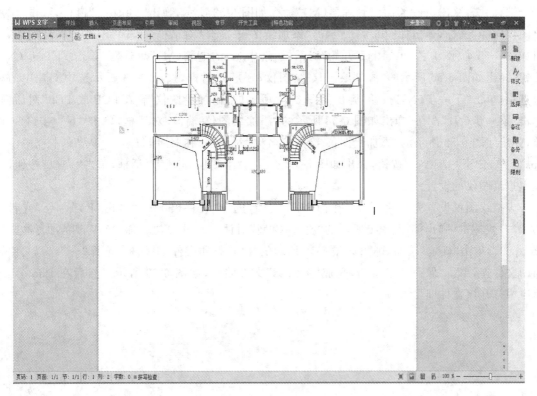

图 6-49　在 Word 中插入"＊.esp"文件

课题 **26** 　输出图形到 Photoshop 软件中

26.1　方法一

(1) 将 CAD 图保存为"∗.bmp"格式文件(具体操作为:选择"文件"→"输出"命令,选择"∗.bmp"格式),如图 6-50 和图 6-51 所示。

(2) 打开 Photoshop。选择"文件(F)"→"打开(O)"命令,查找刚保存的那个"∗.bmp"格式的 AutoCAD 图,如图 6-52 所示。

26.2　方法二

选择"文件(F)"→"绘图仪管理器(M)"命令如图 6-53 所示,弹出"Plotters"窗口,双击"添加绘图仪向导"图标,弹出如图 6-54 所示的"添加绘图仪-简介"对话框,单击"下一步(N)"按钮,弹出如图 6-55 所示的"添加绘图仪-开始"对话框,选中"我的电脑(M)"单选框,单击"下一步(N)"按钮,弹出如图 6-56 所示的"添加绘图仪-绘图仪型号"对话框,按图 6-56 所示选中图片中的相应选项,单击"下一步(N)"按钮,弹出如图 6-57 所示的"添加绘图仪-输入 PCP 或 PC2"对话框,单击"下一步(N)"按钮,弹出如图 6-58 所示的"添加绘图仪-端口"对话框,单击"下一步(N)"按钮,弹出如图 6-59 所示的"添加绘图仪-绘图仪名称"对话框,在"绘图仪名称(P)"文本框中输入"ps",单击"下一步(N)"按钮,弹出如图 6-60 所示的"绘图仪-完成"对话框,单击"完成"按钮,完成虚拟绘图仪的设置。

虚拟绘图仪设置完成后,打开一个 CAD 文档,选择"文件(F)"→"输出(E)"命令,或者按 Ctrl＋P 快捷键,弹出如图 6-61 所示的"打印-模型"对话框。其中,"名称(M)"下拉列表框选择"ps.pc3",单击"确定"按钮,弹出如图 6-62 所示的"浏览打印文件"对话框,选择"∗.eps"文件储存的文件夹,单击"保存(S)"按钮,完成"∗.eps"文件储存,如图 6-63 所示。然后在 Photoshop 程序中打开该文件即可。

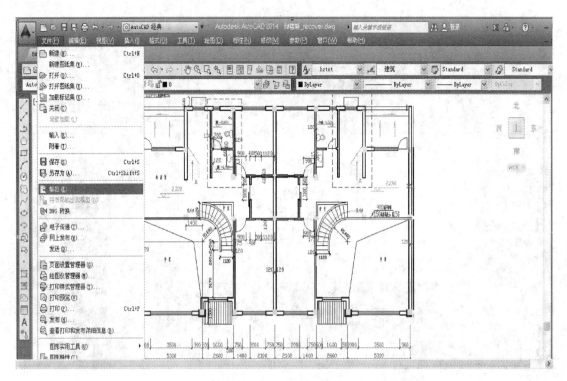

图 6-50　选择"文件(F)"→"输出(E)"命令

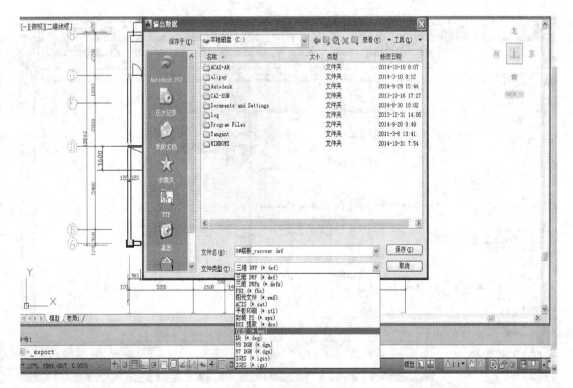

图 6-51　选择文件类型

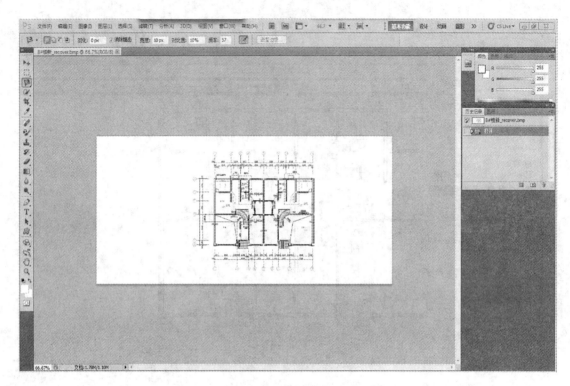

图 6-52　在 Photoshop 中插入"＊.bmp"文件

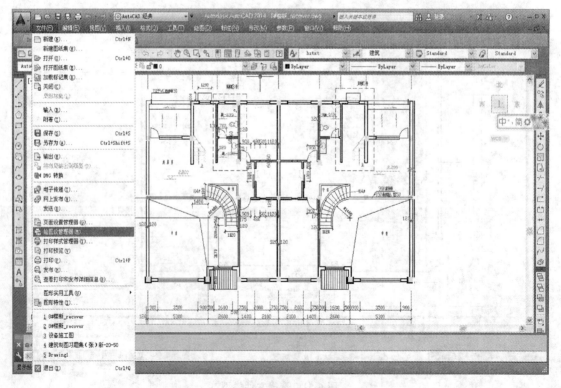

图 6-53　执行"绘图仪管理器（M）"命令

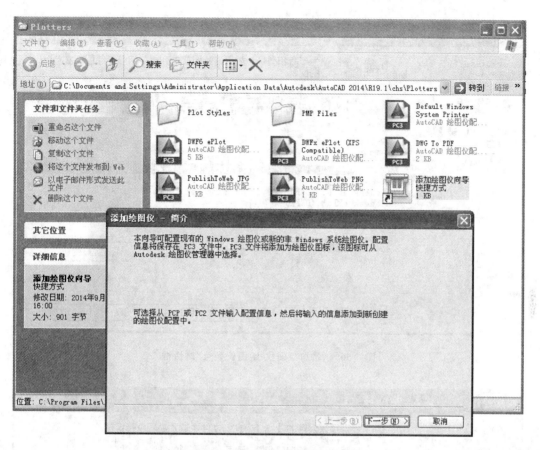

图 6-54 "添加绘图仪-简介"对话框

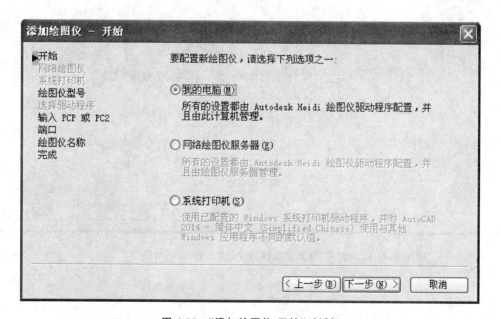

图 6-55 "添加绘图仪-开始"对话框

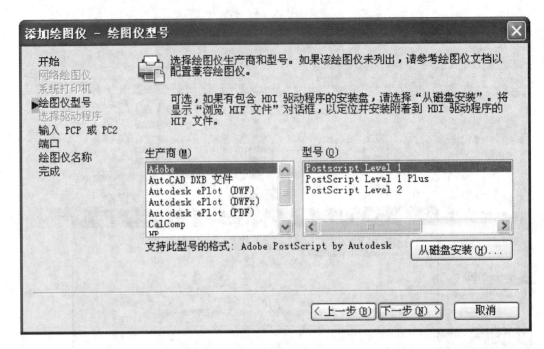

图 6-56 "添加绘图仪-绘图仪型号"对话框

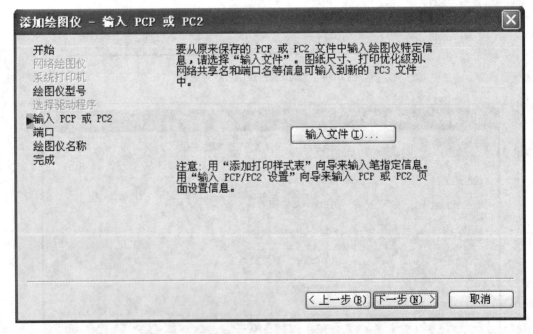

图 6-57 "添加绘图仪-输入 PCP 或 PC2"对话框

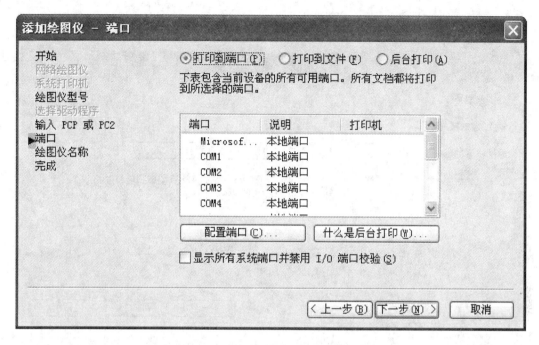

图 6-58 "添加绘图仪-端口"对话框

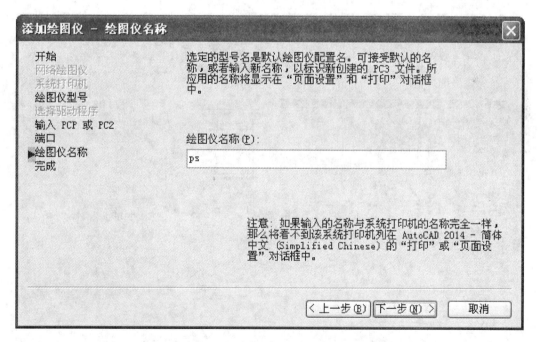

图 6-59 "添加绘图仪-绘图仪名称"对话框

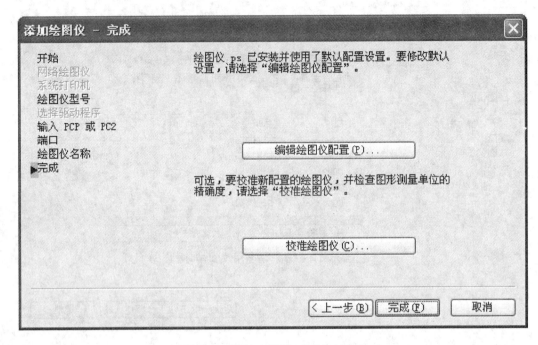

图 6-60　"添加绘图仪-完成"对话框

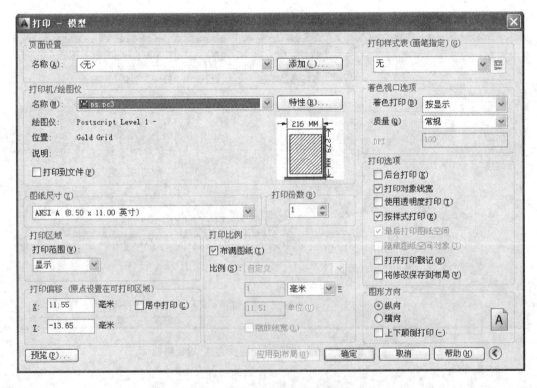

图 6-61　"打印-模型"对话框

图 6-62 "浏览打印文件"对话框

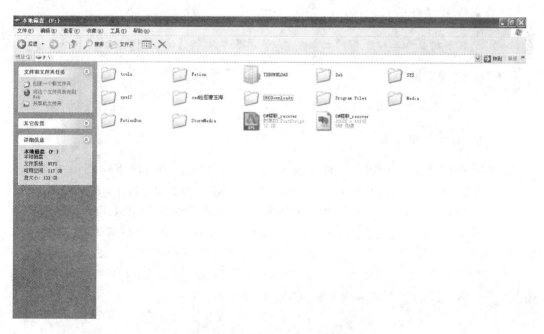

图 6-63 存储后的"∗.eps"文件

模块 **7**

简单三维实体造型

学习目标

学习目标

☆ 模块任务

理解视点和三维图形的表现方式，运用基本命令创建三维实体。

☆ 专业能力

运用基本图元工具创建三维实体。

☆ 专业知识点

世界坐标系（WCS）、用户坐标系（UCS）、长方体（BOX）、圆柱体（CYLINDER）、圆锥体（CONE）、球体（SPHERE）、圆环体（TORUS）、楔体（WEDGOE）、三维实体的移动（3DMOVE）、三维实体的旋转（3DROTATE）、三维实体的对齐（ALIGN）、三维实体的镜像（3DMIRROR）、三维实体的阵列（3DARRAY）、三维实体的剖切（SLICE）、并集运算（UNION）、差集运算（SUBTRACT）、交集运算（INTERSECT）、面域命令（REGION）、创建拉伸实体（EXTRUDE）、创建旋转实体（EXVOLVE）。

课题 27　三维绘图使用的坐标系

用户坐标系(UCS)是三维绘图时使用较频繁的一项功能,用户可以在需要时调整坐标系的原点位置以及 X 轴、Y 轴、Z 轴的方向。

27.1　世界坐标系

世界坐标系(WCS)包括 X 轴和 Y 轴(如果在三维空间工作,还有 Z 轴),其坐标轴的交汇处显示一个"□"形标记,但坐标原点并不在坐标轴的交汇点,而是位于图形窗口的左下角,所有的位移都是相对于坐标原点进行计算的,并且规定沿 X 轴正向及 Y 轴正向的方向为正方向。

27.2　用户坐标系

世界坐标系是固定的,不能改变,用户在绘图时有时会感到不便。为此 AutoCAD 为用户提供了可以在 WCS 中任意定义的坐标系,称为用户坐标系(UCS)。UCS 的原点可以在 WCS 内的任意位置上,其坐标轴可以任意旋转和倾斜。另外,用户坐标系的坐标轴交汇处没有"□"形标记。要设置用户坐标系可以选择"工具"→"命名 UCS"命令,或选择"工具"→"新建 UCS"命令及其中的子命令,又或者在命令行提示中输入 UCS 命令行。

27.3　新建和修改用户坐标系

在中文版 AutoCAD 中,选择"工具"→"新建 UCS"等命令,可以移动或旋转用户坐标系。

1. 移动 UCS

在 AutoCAD 中,选择"工具"→"新建 UCS"命令,利用其子命令中的"原点(N)"命令可以方便地移动 UCS 原点,如图 7-1 所示。

2. 旋转 UCS

在 AutoCAD 中,选择"工具"→"新建 UCS"命令,利用其子命令"X"、"Y"、"Z"可以方便地使 UCS 绕 X 轴、Y 轴和 Z 轴旋转。

图 7-1　"新建 UCS"的子命令

3. 创建 UCS

在 AutoCAD 中,选择"工具"→"新建 UCS"命令,利用其子命令"三点(3)"可以方便地创建新的 UCS 的坐标系,确定新坐标系的原点及 X 轴、Y 轴和 Z 轴的方向。

27.3　视图工具

视图就是观察图形的方向。在"视图"菜单中有许多设置视图的命令,在创建三维实体工作中,利用"视图"工具栏比较方便。"视图"工具栏中包含有常用的五个基本视图和四个轴测视图,如图 7-2 所示。五个基本视图分别是:主视图、俯视图、左视图、右视图、仰视图。四个轴测图分别是:西南等轴测图、东南等轴测图、东北等轴测图、西北等轴测图,也就是从对象本身的西南正上方、东南正上方、东北正上方、西北正上方观察对象,如图 7-3 所示。在三维绘图时,单击"视图"工具栏中的相应的按钮,就可以显示相应方向的视图,以便于绘制不同方位的三维实体。

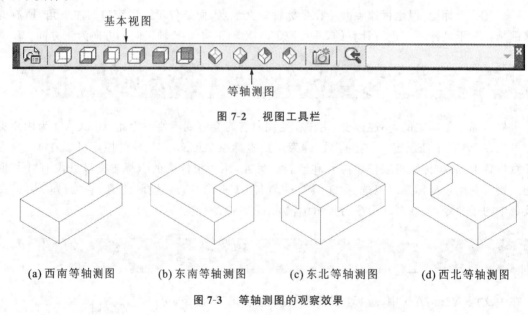

基本视图

等轴测图

图 7-2　视图工具栏

(a) 西南等轴测图　　　(b) 东南等轴测图　　　(c) 东北等轴测图　　　(d) 西北等轴测图

图 7-3　等轴测图的观察效果

27.4　三维对象的视觉样式

AutoCAD 2014 中设计了"三维隐藏"、"真实"、"概念"、"渲染"等多种显示方式,适用于采用不同的观察方式显示三维图形时。控制图形显示的命令集中在"视图"菜单中"视觉样式"子菜单中,如图 7-4(a)所示,包括"二维线框"、"线框"、"消隐"、"真实"、"概念"、"着色"、"带边缘着色"、"灰度"、"勾画"、"X 射线"、"视觉样式管理器"等选项。图 7-4(b)至图 7-4(k)所示的是执行"视觉样式"命令时图形的效果。

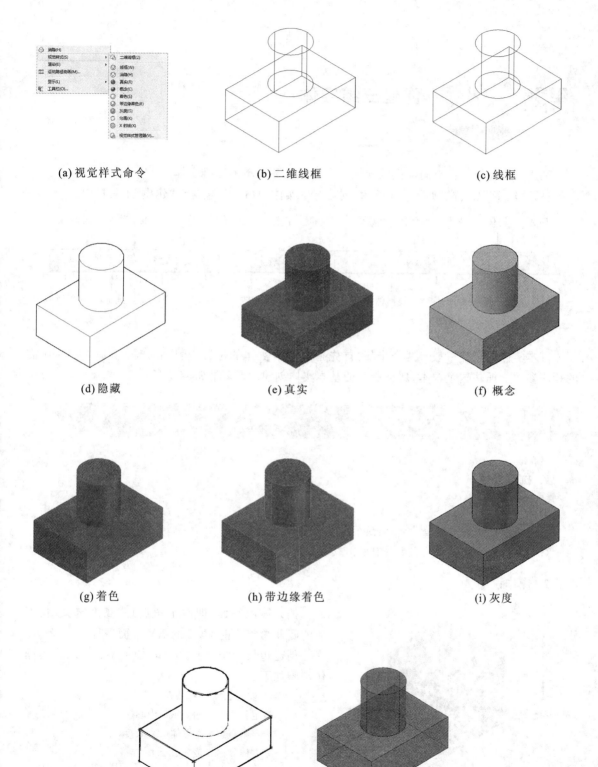

(a) 视觉样式命令　　　　　　(b) 二维线框　　　　　　　(c) 线框

(d) 隐藏　　　　　　　　　(e) 真实　　　　　　　　(f) 概念

(g) 着色　　　　　　　(h) 带边缘着色　　　　　　(i) 灰度

(j) 勾画　　　　　　　(k) X射线

图 7-4　视觉样式命令与显示效果

课题 **28** 创建三维实体

利用三维建模工作空间提供的建模命令可以创建简单的三维实体。

打开"建模"工具栏,如图7-5所示,创建基本实体的命令都包含在"建模"工具栏中。

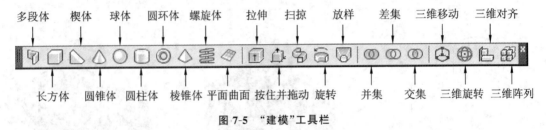

图7-5 "建模"工具栏

基本实体的创建一般有两个步骤:首先指定基本实体的位置,然后指定绘制基本实体所需的相应参数。抓住这个根本,那么所有的基本实体创建问题就非常容易了。

28.1 创建长方体

1. 执行途径

(1) 命令行:BOX。

(2) 菜单栏:选择"绘图"→"建模"→"长方体"命令。

(3) 工具栏:在"实体"工具栏中单击"长方体"按钮。

2. 操作说明

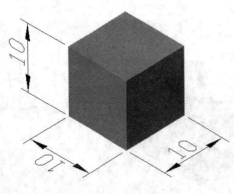

图7-6 长方体

长方体由底面(即两个角点)和高度定义,长方体的底面总与当前 UCS 的 XY 平面平行。

创建边长为10的立方体,如图7-6所示。其操作步骤如下。

> 命令:BOX
> 指定长方体的角点或 [中心(C)] < 0,0,0> :
> 指定角点或 [立方体(C)/长度(L)]:c
> 立方体侧面长度:10

28.2　创建圆柱体

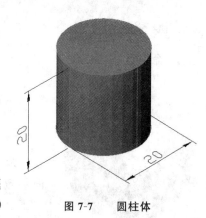

1．执行途径

（1）命令行：CYLINDER。
（2）菜单栏：选择"绘图"→"建模"→"圆柱体"命令。
（3）工具栏：在"实体"工具栏中单击"圆柱体"按钮。

2．操作说明

以圆或椭圆作底面创建圆柱体或椭圆柱体，圆柱的底面位于当前 UCS 的 XY 平面上。创建半径为 10，高度为 20 的圆柱体，如图 7-7 所示。其操作步骤如下。

图 7-7　圆柱体

```
命令：CYLINDER
指定圆柱体底面的中心点或 [椭圆(E)] < 0,0,0> :
指定圆柱体半径或 [直径(D)]：10
指定圆柱体高度或 [中心(C)]：20
```

28.3　创建圆锥体

1．执行途径

（1）命令行：CONE。
（2）菜单栏：选择"绘图"→"建模"→"圆锥体"命令。
（3）工具栏：在"实体"工具栏中单击"圆锥体"按钮。

2．操作说明

圆锥体由圆或椭圆底面以及垂直在其底面上的锥顶点定义，默认情况下，圆锥体的底面位于当前 UCS 的 XY 平面上。圆锥体的高可以是正的也可以是负的，并且平行于 Z 轴，其顶点决定了圆锥体的高和方向。

创建锥底半径为 10、高为 20 的圆锥体，如图 7-8 所示。其操作步骤如下。

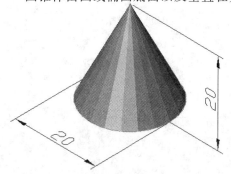

图 7-8　圆锥体

```
命令：_cone
指定圆锥体底面的中心点或 [椭圆(E)] < 0,0,
0> :
指定圆锥体底面半径或 [直径(D)]：10
指定圆锥体高度或 [顶点(A)]：20
```

28.4 创建球体

1. 执行途径

（1）命令行：SPHERE。

（2）菜单栏：选择"绘图"→"建模"→"球体"命令。

（3）工具栏：在"实体"工具栏中单击"球体"按钮。

2. 操作说明

球体的纬度平行于 XY 平面，中心轴与当前 UCS 的 Z 轴方向一致。创建半径为 10 的球体，如图 7-9 所示。其操作步骤如下。

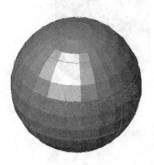

图 7-9　球体

```
命令：_sphere
球体中心：
指定球体半径或 [直径(D)]：10
```

28.5 创建圆环体

1. 执行途径

（1）命令行：TORUS。

（2）菜单栏：选择"绘图"→"建模"→"圆环体"命令。

（3）工具栏：在"实体"工具栏中单击"圆环体"按钮。

2. 操作说明

圆环体由两个半径值定义：一个是圆环的半径；另一个是从圆环体中心到圆环中心的距离，即圆环体的半径。如果圆环体半径大于圆环半径，形成的圆环体中间是空的；如果圆环半径大于圆环体半径，结果就像一个两级凹陷的球体。

创建半径为 20、圆管半径为 5 的圆环体，如图7-10 所示。其操作步骤如下。

```
命令：_torus
圆环体中心：< 0,0,0>
指定圆环体的半径或 [直径(D)]：20
指定圆管的半径或 [直径(D)]：5
```

创建半径为 20、圆管半径为 10 的圆环体，如图 7-11 所示。其操作步骤如下。

```
命令：_torus
圆环体中心：< 0,0,0>
指定圆环体的半径或 [直径(D)]：20
指定圆管的半径或 [直径(D)]：10
```

图 7-10　圆环体（一）

图 7-11　圆环体（二）

28.6　创建楔体

1. 执行途径

（1）命令行：WEDGE。
（2）菜单栏：选择"绘图"→"建模"→"楔体"命令。
（3）工具栏：在"实体"工具栏中单击"楔体"按钮。

2. 操作说明

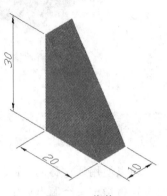

图 7-12　楔体

楔体的底面平行于当前 UCS 的 XY 平面，其倾斜面正对第一个角。它的高可以是正数，也可以是负数，并且与 Z 轴平行。

创建长 20 宽 10、高 30 的楔体，如图 7-12 所示。其操作步骤如下。

```
命令：_wedge
指定楔体的第一个角点或 [中心点(C)] < 0,0,0> :
指定角点或 [立方体(C)/长度(L)]：L
侧面长度：20
楔宽：10
楔高：30
```

课题 29　三维实体的操作

29.1　三维实体的移动

执行"三维移动"（3DMOVE）命令时，首先需要指定一个基点，然后指定第二点即可移动三维对象。使用"二维移动"编辑命令也可以移动三维实体。

29.2 三维实体的旋转

执行"三维旋转"（3DROTATE）命令时，可以使实体绕任一坐标轴旋转一个指定角度。

应用"三维旋转"命令可以将图 7-13（a）中的圆柱体旋转到如图 7-13（b）所示的与底板垂直的位置。

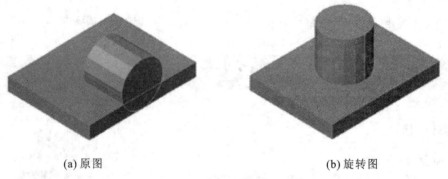

(a) 原图   (b) 旋转图

图 7-13　旋转实体

29.3 三维实体的对齐

可以使用通过移动、旋转或倾斜对象来使该对象与另一个对象对齐。"三维对齐"（ALIGN）命令通过指定三个源点以定义源平面，然后指定三个目标点以定义目标平面。如图 7-14 所示的应用图例，启用"三维对齐"命令，选择圆弧板为源对象，依次选择圆弧板对齐平面上的三个点为对齐源点，再依次选择平板实体上的对齐平面上的三个目标点，如图 7-14（a）所示。对齐后的图形如图 7-14（b）所示。

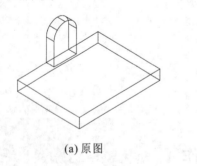
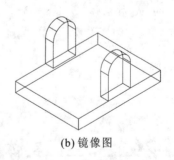

(a) 原图   (b) 镜像图

图 7-14　对齐实体

29.4 三维实体的镜像

执行"三维镜像"（3DMIRROR）命令可以将指定对象相对于某一平面镜像。镜像平面可以由三个点来确定，也可以通过指定点和坐标平面来确定，还可以用绘制的二维多段线对象所在的平面作为镜像平面。如图 7-15 所示的应用图例，启用"三维镜像"命令，选择要镜像的对象，指定图 7-15(a)所示图形中的标记点为镜像平面上的三点,则镜像完成,如图 7-15(b)所示。

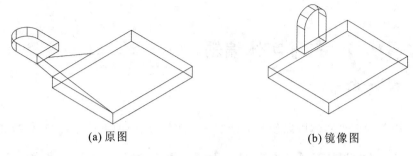

(a) 原图　　　　　　　　　　　(b) 镜像图

图 7-15　镜像三维实体

29.5　三维实体的阵列

　　执行"三维阵列"(3DARRAY)命令,可以在三维空间中创建阵列或环形阵列。

　　对于矩形阵列除了指定列数(X 方向)和行数(Y 方向)以外,还要指定层数(Z 方向)。其中,行间距、列间距、层间距的正负与坐标轴的方向有关。

　　对于环形阵列,在操作上与二维图形的环形阵列操作基本相同,所不同的是三维环形阵列需要指定阵列的旋转轴。应用三维环形阵列和矩形阵列的命令,可以将图 7-16(a)中所示的三维实体图形"阵列"为图 7-16(b)所示的三维实体图形。

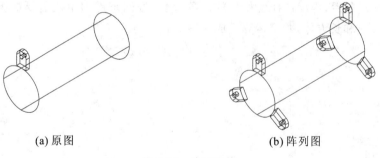

(a) 原图　　　　　　　　　　　(b) 阵列图

图 7-16　阵列实体

29.6　三维实体的剖切

　　执行"三维剖切"命令,则可以用指定的平面剖开三维实体。可以通过指定三个点,使用"曲面"、"其他对象"、"当前视图"、"Z 轴",或者"XY 平面"、"YZ 平面"或"ZX 平面"来定义剪切平面。

　　使用"三维剖切"命令可以将图 7-17(a)中所示实体剖切为图 7-17(b)中所示的实体。

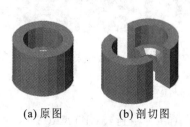

(a) 原图　　　(b) 剖切图

图 7-17　剖切实体

课题 30 三维实体编辑

通过编辑简单的三维实体可以创建复杂的三维实体,编辑的方法有合并、相减和相加等。

30.1 并集运算

将两个或多个实体进行合并,生成一个组合实体,即并集运算。

1. 执行途径

(1) 命令行:UNION。
(2) 菜单栏:选择"修改"→"实体编辑"→"并集"命令。
(3) 工具栏:在"实体编辑"工具栏中单击"并集"按钮。

2. 操作说明

在提示选择对象后,连续选择要相加的对象,然后按回车键即生成需要的组合实体。如图 7-18 所示为圆柱体和长方体,并集运算后成为图 7-19 所示的立体。

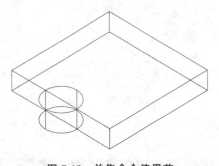

图 7-18　并集命令使用前

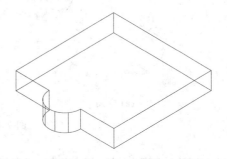

图 7-19　并集命令使用后

30.2 差集运算

从一个实体中减去另一个(或多个)实体,生成一个新的实体,即差集运算。

1. 执行途径

(1) 命令行:SUBTRACT。
(2) 菜单栏:选择"修改"→"实体编辑"→"差集"命令。
(3) 工具栏:在"实体编辑"工具栏中单击"差集"按钮。

2. 操作说明

首先选择的实体是"要从中减去的实体",按回车键后接着选择"要减去的实体"。如图 7-20 所示,先选择圆柱体,按回车键后再选择长方体得到图中 7-20 所示的实体。如图 7-21 所示,先选择长方体,按回车键后再选择圆柱体得到图中所示的实体。"要从中减去的实体"可以是一个,也可以是多个,"要减去的实体"可以是一个,也可以是多个。

 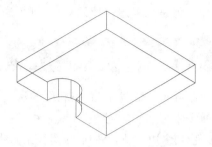

图 7-20 圆柱体减去长方体　　　　图 7-21 长方体减去圆柱体

30.3 交集运算

将两个或多个实体的公共部分构成一个新的实体,即交集运算。

1. 执行途径

（1）命令行:INTERSECT。
（2）菜单栏:选择"修改"→"实体编辑"→"交集"命令。
（3）工具栏:在"实体编辑"工具栏中单击"交集"按钮。

2. 操作说明

选择具有公共部分的实体,才可以生成组合实体。否则,实体将被删除。如图 7-22 所示为对图 7-18 进行交集运算后生成的实体。

图 7-22 交集运算后生成的实体

30.4 面域命令

面域是封闭区域所形成的二维实体对象,可将它看成一个平面实心区域。尽管 AutoCAD 中有许多命令可以生成封闭形状（如圆、多边形等）,但所有这些都只包含边的信息而没有面,它们和面域有本质的区别。

1. 执行途径

（1）命令行:REGION 或 REG。
（2）菜单栏:选择"绘图"→"面域"命令。
（3）工具栏:在"绘图"工具栏中单击"面域"按钮。

2. 操作说明

执行命令后，AutoCAD 提示用户是否选择想转换为面域的对象，如选取有效，则系统将该有效选取转换为面域。但选取面域时要注意：

（1）自相交或端点不连接的对象不能转换为面域。

（2）默认情况下，AutoCAD 进行面域转换时，REGION 命令将用面域对象取代原来的对象并删除原对象。但是如果想保留源对象，则可通过设置系统变量 DELOBJ 为零达到这一目的。

30.5　创建拉伸实体

将二维对象看成一个截面，沿该截面的法向线或指定路径拉伸一定距离则生成三维拉伸实体。创建拉伸实体的命令在"建模"工具栏中，"拉伸"（EXTRUDE）命令可以拉伸的二维对象包括：面域、封闭多段线、多边形、圆、椭圆、封闭样条曲线和圆环等。创建拉伸实体时，要遵循以下步骤。

（1）绘制二维封闭线框和不共面的路径。

（2）用线框生成边界或面域。

（3）应用"拉伸"命令生成实体。

1. 执行途径

（1）命令行：EXTRUDE 或 EXT。

（2）菜单栏：选择"绘图"→"实体"→"拉伸"命令。

（3）工具栏：在"建模"工具栏中单击"拉伸"按钮。

2. 操作说明

选择对象后可以指定高度或按指定路径和倾斜角度进行拉伸。路径必须与拉伸面垂直。

绘制如图 7-18(b)所示的三维图形，具体操作步骤如下。

（1）在二维视图中完成如图 7-23(a)所示的平面图，然后切换成西南等轴测视图。拉伸前需对二维图形进行面域操作。

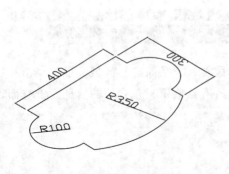

(a) 拉伸前的二维草图

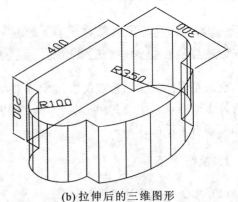

(b) 拉伸后的三维图形

图 7-23　拉伸实体图形

（2）执行"面域"命令将所绘制的二维图形创建形成面域。命令行提示如下。

> 命令：REGION∥按回车键
>
> 选择对象：找到 1 个∥按回车键
>
> 选择对象：∥按回车键
>
> 已提取 1 个环。
>
> 已创建 1 个面域。

（3）执行"拉伸"命令，选中所创建完成的面域进行拉伸。命令行提示如下。

> 命令：_extrude∥按回车键
>
> 当前线框密度：ISOLINES= 4,闭合轮廓创建模式 = 实体
>
> 选择要拉伸的对象或 [模式(MO)]：_MO 闭合轮廓创建模式 [实体(SO)/曲面(SU)] < 实体> : _SO
> ∥按回车键
>
> 选择要拉伸的对象或 [模式(MO)]：找到 1 个∥按回车键
>
> 选择要拉伸的对象或 [模式(MO)]：∥按回车键
>
> 指定拉伸的高度或 [方向(D)/路径(P)/倾斜角(T)/表达式(E)] < 0> : 200∥按回车键

这样就用拉伸实体命令绘制出如图 7-23(b)所示的实体。

30.6 创建旋转实体

创建旋转实体与创建拉伸实体的方法基本相同,将二维图形对象看成半个纵剖面,沿轴线旋转一定的角度则生成三维旋转实体。创建旋转实体的命令也在"建模"工具栏中,"旋转"(REVOLVE)命令可以旋转的二维对象包括:面域、封闭多段线、多边形、圆、椭圆、封闭样条曲线和圆环等。创建拉伸实体时,要遵循以下步骤。

（1）绘制二维封闭线框和不共面的路径。

（2）令线框生成边界或面域。

（3）应用"旋转"命令生成实体。

1. 执行途径

（1）命令行:EXVOLVE 或 REV。

（2）菜单栏:选择"绘图"→"实体"→"旋转"命令。

（3）工具栏:在"建模"工具栏中单击"旋转"按钮。

2. 操作说明

在 AutoCAD 中可以将二维对象绕某一轴旋转生成实体。绘制如图 7-24(a)所示的三维图形,具体操作步骤如下。

（1）在二维视图中完成如图 7-24(b)所示的平面图,然后切换为西南等轴测视图。旋转前需对二维图形进行面域设置。

（2）执行"面域"命令,将所绘制的二维图形创建形成面域。命令行提示如下。

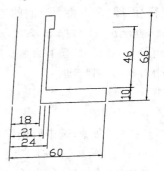

(a) 旋转后的三维图形　　　　　　　　　　　(b) 旋转前的三维图形

图 7-24　旋转命令绘制图形

命令：REGION∥按回车键

选择对象：找到 1 个∥按回车键

选择对象：∥按回车键

已提取 1 个环。

已创建 1 个面域。

（3）执行"旋转"命令，选中所创建完成的面域进行拉伸。命令行提示如下。

命令：_revolve∥按回车键

当前线框密度：ISOLINES= 4,闭合轮廓创建模式 = 实体

选择要旋转的对象或 [模式(MO)]：_MO 闭合轮廓创建模式 [实体(SO)/曲面(SU)] < 实体> ：_SO ∥按回车键

选择要旋转的对象或 [模式(MO)]：找到 1 个∥按回车键

选择要旋转的对象或 [模式(MO)]：∥按回车键

指定轴起点或根据以下选项之一定义轴 [对象(O)/X/Y/Z] < 对象> ：∥点选距离内径 18 处一点

指定轴端点：∥沿 18 垂直线上点选另一点

指定旋转角度或 [起点角度(ST)/反转(R)/表达式(EX)] < 360> ：∥按回车键

这样就用旋转实体命令绘制出如图 7-24(b)所示的实体。

课题 31 创建三维实体模型实例

目标：参考图 7-25、图 7-26，绘制图 7-33 所示的图形。

分析：本模型是将绘制好的二维住宅平面图拉伸为三维实体。模型由地面、墙身和檐口屋顶三部分组成，主要使用拉伸法及并集与差集运算完成。

墙身厚 240，地面和台阶高均为 150，下檐口标高 3 400，上檐口标高 3 520，前后左右伸出外墙体各 500，单位为 mm。

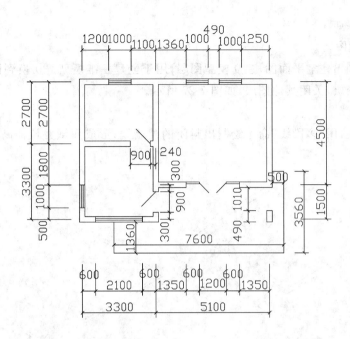

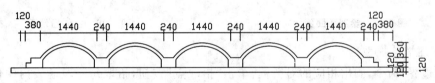

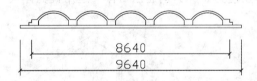

图 7-25　参考图

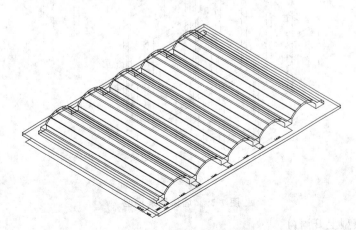

图 7-26　檐口和屋顶细部尺寸

具体操作步骤如下。

（1）绘制平面图。

根据参考图画出住宅平面图,建立模型图层,用于创建三维模型。切换到西南等轴测视图,显示墙体和模型图层,关闭其他图层,如图 7-27 所示。

（2）创建地面。

打开模型图层,用"多段线"命令绘制出封闭的外墙线,形成面域并拉伸高度 150,创建出地面,如图 7-28 所示。

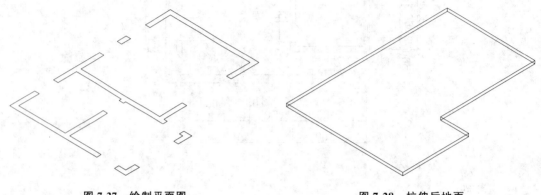

图 7-27　绘制平面图　　　　　　　　　　　图 7-28　拉伸后地面

（3）创建墙体模型。

使用"边界"命令,弹出相应的对话框,单击"拾取点"按钮,拾取每一段墙线内的位置,创建出墙线的多段线截面,拉伸高度为 3 400,创建出墙体。运用视觉样式中的"消隐"命令查看绘制效果,如图 7-29 所示。

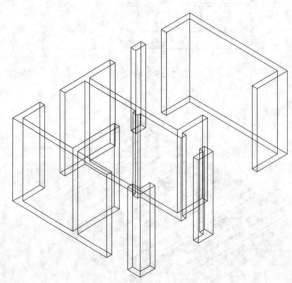

图 7-29　墙体建筑模型

（4）在墙体模型上开洞口。

切换为二维线框。用矩形命令绘出门的拉伸截面,形成面域并移动到 2 500 处,拉伸高度为 900,创建出门楣选择"视觉样式"→"消隐"命令查看绘制效果。

（5）在墙体模型上开窗洞。

切换为二维线框。用"矩形"命令绘制出窗的拉伸截面，形成面域，复制出一个窗截面到墙顶部用来做窗楣。将下面的窗截面对象向上拉伸 1 000 作为窗台，将上面的窗截面向下拉伸 600 作为窗楣，由此形成窗洞。选择"视觉样式"→"消隐"命令查看绘制效果，如图 7-30 所示。

（6）生成台阶和柱子。

打开台阶和柱子图层形成面域，向上拉伸 150。柱子形成面域向上移动 150 到台阶表面，再向上拉伸 3 400，创建出台阶和柱子模型。选择"视觉样式"→"消隐"命令查看绘制效果，如图 7-31 所示。

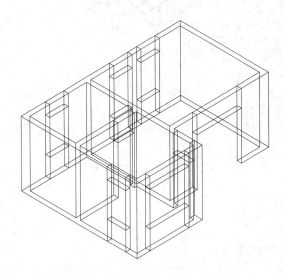

图 7-30　开设门窗洞口的建筑模型

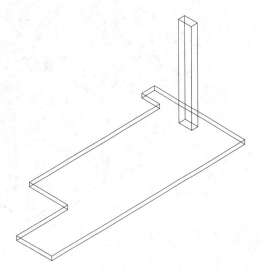

图 7-31　生成台阶和柱子

（7）绘制屋顶檐口。

参考细部尺寸绘制挑檐的截面图形，然后沿挑檐分布的屋顶位置用"多段线"命令绘制檐口的截面，再运用"拉伸"命令生成完整的挑檐模型，如图 7-32 所示。

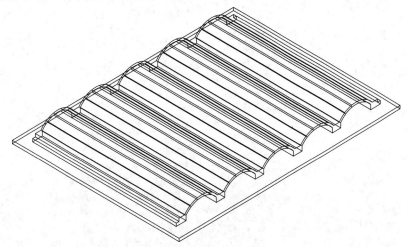

图 7-32　挑檐模型

（8）将以上部分搭建好,然后进行并集运算

将图 7-21 中的 O 点与墙角对齐,使用消隐样式和动态观察工具检查是否准确,结果如图 7-33 所示。

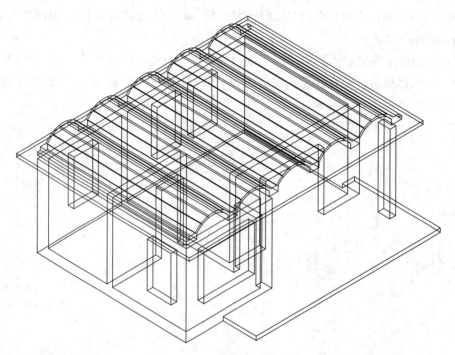

图 7-33　完成后的建筑模型

模块 8

天正建筑软件基本功能简介

学习目标

学习目标

☆ **模块任务**

熟悉并掌握天正软件的基本操作。

☆ **专业能力**

熟练地掌握用天正软件绘制建筑施工图。

☆ **专业知识点**

天正软件的特色、界面的基本操作、绘制建筑施工图使用的命令。

课题 32 天正建筑软件的简介

32.1 天正建筑软件特色

天正软件是由北京天正工程软件有限公司开发的建筑专业系列软件，包括天正建筑（TArch）、天正暖通（THvac）、天正给排水（TWT）、天正电气（TElec）、天正结构（TAsd）、天正市政道路（TDL）、天正市政管线（TGX）、天正日照（TSun）、天正造价（TCms）、天正节能软件（TBEC）等。这些软件相互配合工作，从整体上构成一套完整的建筑设计解决方案。

天正软件提出了分布式工具集的建筑 CAD 软件思路，为用户提供了一系列独立、智能、高效的绘图工具。由于采用了由较小的专业绘图工具命令所组成的工具集，所以使用起来非常灵活、可靠，而且在软件运行中不对 AutoCAD 命令的使用功能加以限制，而是去弥补 AutoCAD 软件不足的地方。

天正建筑设计软件的目标定位于建筑施工图。建筑平面图作为天正建筑生成其他图形的基础，在补充立面数据后，能直接生成建筑立面图、剖面图以及分层的三维模型，其中立面图、剖面图的生成不必依赖三维模型，因而简化了操作难度。建筑立面图、剖面图和三维模型都有单独的工具进行编辑修改，三维模型能很好地与 AccuRender、3DStudioMAX 等渲染软件配合使用。

32.2 安装与启动选项

1. 各种版本的安装选项

（1）在 Power Users 或 Administrators 用户权限下运行光盘上的安装程序 Setup. exe，Windows 7 和 Windows Vista 操作系统下只能以 administrators 用户权限安装。

（2）网络版用户需先在网络服务器上安装、启动网络版服务程序，然后在各工作站安装天正软件。

2. 天正网络版授权服务程序

服务器上需要安装的网络版授权服务程序在光盘中的 NetServer 文件夹下，网络版用户需要在服务器上运行 NetServer\Setup. exe，授权方式选择网络锁，将授权服务程序安装到服务器。

3. 使用天正软件对用户权限的要求

从 TArch8 版本开始，已将解决了以前对用户权限要求过高的问题，试用版（含注册版）、单机版、网络版只需要在普通用户（Users）权限下即可使用。

4. 安装和启动程序

TArch 8.5 的正式商品以光盘的形式发行。在安装天正建筑软件前，首先要确认计算机上已安装 AutoCAD 200X,并能够正常运行。程序安装的具体步骤如下。

（1）运行天正软件光盘中的 Setup.exe 程序,首先是在"选择授权方式"对话框中选择所获得的授权方式。如果是网络版,建议输入服务器名称,也可以直接单击"下一步"按钮,由系统自动查找服务器。高校教学时可用天正教学版,学生学习时也可用测试版。

（2）选择要安装的组件。

（3）单击"下一步"开始安装复制文件,根据所选择项目的情况,这一过程大概需要 4～15min。

（4）最后系统会提示用户是否安装加密狗驱动程序,第一次安装时必须单击"确定"按钮,来安装这个驱动,此时要求重新启动计算机,下次安装或修复时不必重复安装。也可单击"取消"按钮,跳过此步骤。

5. USB 单机版的安装

为了适应不同用户的硬件环境,TArch 8.5 的单机版有 USB 加密狗和并口加密狗两种加密部件。USB 加密狗最好是在软件安装后,才插入计算机 USB 端口,如果先插入时单击"取消"按钮即可,软件在安装过程中自动安装新版本的 USB 加密狗驱动程序,不再出现安装提示,加密狗拔出后再次插入到其他 USB 口时不必重新安装驱动。

32.3　天正建筑(TArch 8.5)界面

天正建筑(TArch 8.5)对 AutoCAD 的交互界面进行了扩充,建立了自己的菜单系统和快捷键,并且新提供了可由用户自定义的折叠式屏幕菜单、在位编辑框、右键菜单及图标工具栏,同时保持了 AutoCAD 的原有界面体系。天正建筑(TArch 8.5)的窗口如图 8-1 所示。

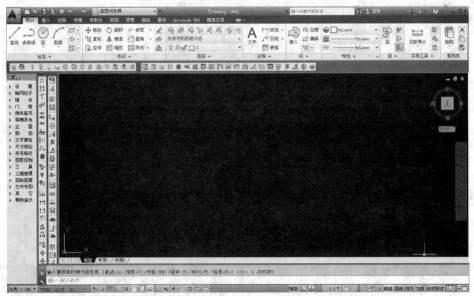

图 8-1　天正建筑软件界面

天正建筑软件的主要功能都能列在"折叠式"三级结构的屏幕菜单上,二、三级菜单项是天正建筑的可执行命令或者开关项,当光标移到菜单项上时,AutoCAD 的状态行会出现该菜单项功能的简短提示。从使用风格区分,每个菜单都有"折叠风格"和"推拉风格"可选择,如图8-2所示。两者区别如下。

（1）折叠风格是使下层子菜单缩到最短,菜单过长时自行展开,切换上层菜单后滚动根菜单。

（2）推拉风格是使下层子菜单长度一致,菜单项少时补白,菜单项过长时使用滚动选取,菜单不展开。

图 8-2　屏幕菜单

课题 33　天正建筑软件的基本操作

33.1　选项设置与自定义界面

1. 天正"自定义"命令

天正"自定义"命令是专用于修改与用户操作界面有关的参数设置而设计的,用于设置窗口中的包括屏幕菜单、操作配置、基本界面、工具条、快捷键等选项,启动该命令有如下三种方式。

(1)菜单栏:选择"设置"→"自定义"命令。

(2)工具栏:单击"自定义"工具栏中的自定义按钮 。

(3)键盘输入:ZDY。

执行"自定义"命令后,弹出"天正自定义"对话框。其中,"屏幕菜单"选项卡用于设置屏幕菜单的风格和菜单背景颜色;"操作配置"选项卡用于控制右键菜单的启用、动态输入时模数的显示等内容;"工具条"选项卡用于增删自定义工具栏中的内容;"快捷键"选项卡则定义了 0~9 共 10 个数字的一键快捷功能。

在"工具条"选项卡中,可以通过单击"加入"或"删除"按钮,来添加或删除天正工具,如图 8-3 所示。

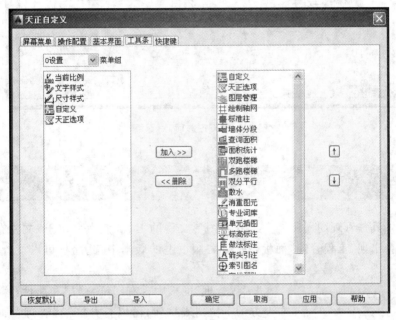

图 8-3 "天正自定义"对话框

2. 天正选项设置

"天正选项"命令是为专门用于修改与工程设计制图有关的参数而设计的,如绘图的基本参数、墙体的加粗、填充图案等的设置,启动该命令有如下三种方式。

(1)菜单栏:选择"设置"→"天正选项"命令。

(2)工具栏:单击"设置"工具栏中的"天正选项"按钮 。

(3)键盘输入:TZXX。

执行"天正选项"命令后,弹出如图 8-4 所示的对话框。其中,"基本设定"选项卡包含"图形设置"、"符号设置"和"圆圈文字"等选项组,设置内容如图 8-4 所示;"加粗填充"选项卡用于设置各种填充材料的填充图案、填充方式、颜色、线宽及是否加粗等;"高级选项"选项卡用于设置尺寸标准、符号标注、立剖面、门窗、墙柱、室外挂件、系统和轴线等的相关参数,其中列出的是长期有效的参数,不仅对当前图形有效,而且对计算机重启后的操作都会起作用。

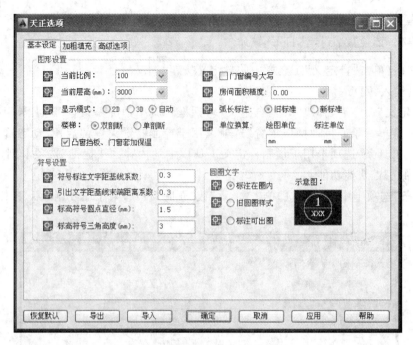

图 8-4　"天正选项"对话框

33.2　工程管理工具的使用方法

工程管理工具是管理同属于一个工程下图形文件的工具,该命令位于"文件布图"菜单下,启动该命令后会出现"工程管理"面板,在 2004 版以上的版本中,此面板可以设置为自动隐藏,随光标自动展开。

图 8-5　打开工程管理面板

"工程管理"面板中含有图纸、楼层和属性栏等。单击面板右上方的下拉列表按钮,可以打开"工程管理"菜单,从中可以选择相关命令,如图 8-5 所示。

1. 新建工程

单击"新建工程…"命令,可以为当前图形建立一个新的工程,并为工程命名。

1) 图纸栏

图纸栏是用于管理以图纸为单位的图形文件的,其中预设有平面图、立面图等多种图形类别。

右击"工程名称"图标时弹出右键快捷菜单,从中可以为工程添加图纸或子工程分类。

右击"工程类别"图标时弹出右键快捷菜单,其功能也是添加图纸或分类,只是可以添加在该类别下,也可以将已有图纸或分类移除。

单击"添加图纸"图标会弹出"文件"对话框,从中逐个加入属于该类别的文件,事先最好将同一个工程的文件放在同一文件夹下。

2）楼层栏

在软件中以楼层栏中的图标命令控制属于同一工程中的各个标准层平面图,允许不同的标准层存放于一个图形文件夹下,通过图标命令,在本图上框选标准层的区域范围。

在电子表格中输入"起始层号"和"结束层号",定义为一个标准层,并取得层高,双击左侧的按钮可以随时在本图预览框中选定标准层范围;对于不在本图的标准层,则单击文件名文本框右侧的按钮,单击该按钮后在弹出的"文件"对话框中,以普通文件选取的方式点取图形文件。

2. 打开已有工程

单击"工程管理"面板中的"最近工程"选项,其右侧展开最近建立过的工程列表,单击其中的工程名称即可打开已有工程;在图纸栏下方列出了当前工程打开的图纸,双击图纸文件名即可打开已有图纸。

绘制建筑施工图实例

34.1　建筑平面图的绘制

工程实际操作 8-1

如图 8-6 所示的一层平面图的绘制步骤如下。

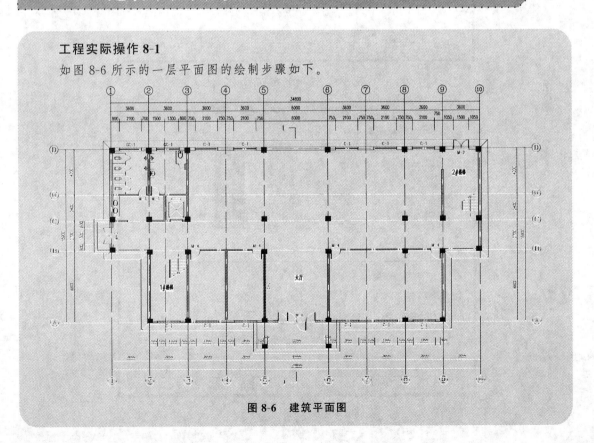

图 8-6　建筑平面图

1. 在绘图前先要设置参数

选择"设置"→"选项"命令，弹出"天正选项"对话框，如图 8-7 所示。在该对话框的"基本设定"和"加粗填充"选项卡中对图形进行设置。例如，"当前比例"设置为 100，其用于控制文字、尺寸数字和轴号等对象的大小。"加粗填充"选项卡如图 8-8 所示。

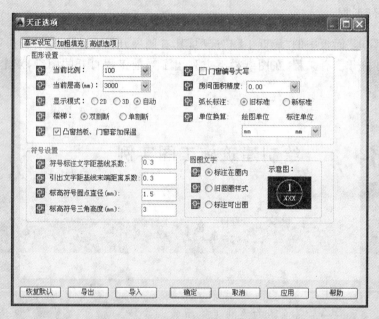

图 8-7　"基本设定"选项卡

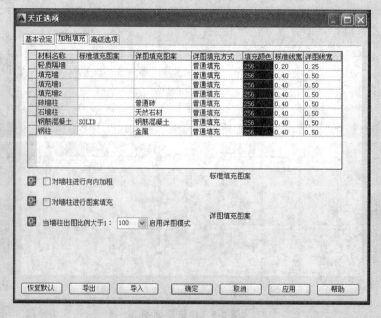

图 8-8　"加粗填充"选项卡

2. 绘制轴网、标注轴号和轴网尺寸

1)"绘制轴网"对话框

单击"绘制轴网"图标艹,弹出"绘制轴网"对话框。选择"直线轴网"选项卡,通过此选项卡设置直线轴网间距。按照图8-9所示设置参数,选择"夹角"为"90",选中"下开"单选框,根据纵向定向轴线之间的尺寸标注,依次选择轴间距,输入"键入"文本框中。

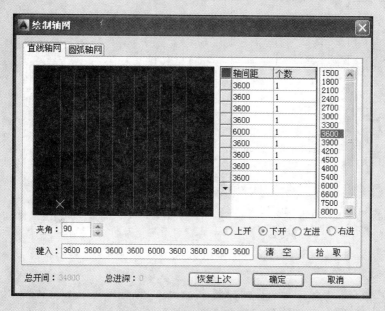

图8-9 纵向定位轴线的绘制

然后继续在"绘制轴网"对话框中,选择"夹角"为"90",选中"右进"单选框,根据横向定向轴线之间的尺寸标注,依次选择轴间距,输入"键入"文本框中,如图8-10所示。

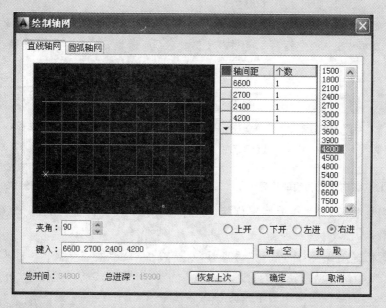

图8-10 横向定位轴线的绘制

在预览窗口可以看到绘制完的定位轴线，单击"确定"按钮后，再根据命令行的提示，在屏幕的绘图区中点击，则纵横定位轴线绘制完成，如图8-11所示。

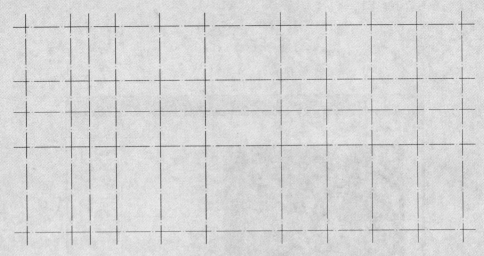

图8-11　定位轴线

2）标注轴号和尺寸标注

轴网标注的命令能一次完成轴号和尺寸的标注，但轴号和尺寸标注二者属于独立存在的不同对象，不能联动编辑，修改轴网时应注意自行处理。

（1）"两点轴标"命令。

"两点轴标"命令可对始末轴线间的一组平行轴线（直线轴网与圆弧轴网的进深）或者径向轴线（圆弧轴线的圆心角）进行轴号和尺寸标注。

单击"两点轴标"　图标，弹出"轴网标注"对话框，在"起始轴号"文本框中输入"1"，在"轴号规则"下拉列表框中选择"变后项"，选中"双侧标注"单选框，完成纵向定位轴线的设置，如图8-12所示。

单击"两点轴标"　图标，弹出"轴网标注"对话框，在"起始轴号"文本框中输入"A"，在"轴号规则"下拉列表框中选择"变后项"，选中"双侧标注"单选框，完成纵向定位轴线的设置，如图8-13所示。

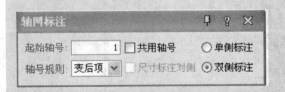

图8-12　纵向定位轴线的设置　　　　　　**图8-13　横向定位轴线的设置**

根据命令行的提示，完成轴号和定位轴线尺寸的标注，如图8-14所示。

（2）"逐点标注"命令。

单击"逐点标注"的图标　，启动"逐点标注"命令。"逐点标注"命令只对单个轴线标注轴号，轴号独立生成，不与已经存在的轴号系统和尺寸系统发生关联，不适用于一般的平面图轴网，常用于立面、剖面与详图等个别单独的轴线标注。

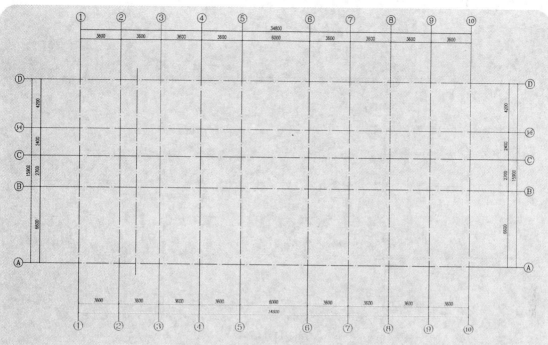

图 8-14　轴号和定位轴线的尺寸标注

3. 绘制墙体

在屏幕左侧菜单中选择"墙体"→"绘制墙体"命令图标 ▬▬ 绘制墙体，弹出"绘制墙体"对话框，通过此对话框设置墙体的左宽和右宽，以及材料等参数，然后选择绘制墙体的方式，就可以在图上绘制墙体了。

根据平面图的尺寸标注可知，外墙厚为 300，内墙厚为 150，"绘制墙体"对话框设置如图 8-15 和图 8-16 所示。

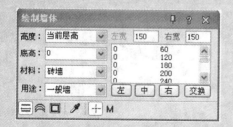

图 8-15　外墙"绘制墙体"对话框

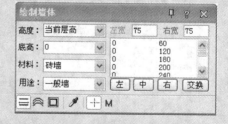

图 8-16　内墙"绘制墙体"对话框

墙体设置好后单击"绘制直墙" ▤ 按钮后在图上相应的位置绘制其墙体，如图 8-17 所示。

4. 绘制柱子

（1）在屏幕左侧菜单中选择"轴网柱子"→"标准柱"命令图标 ▦，弹出"标准柱"对话框。通过此对话框设置标准柱的横向和纵向，以及材料和形状等参数，然后单击"点选插入柱子"图标 ✛，就可以在图上绘制柱子了，如图 8-18 所示。

（2）绘制完柱子后，选择"绘图"→"图案填充"命令，对其进行填充，如图 8-19 所示。

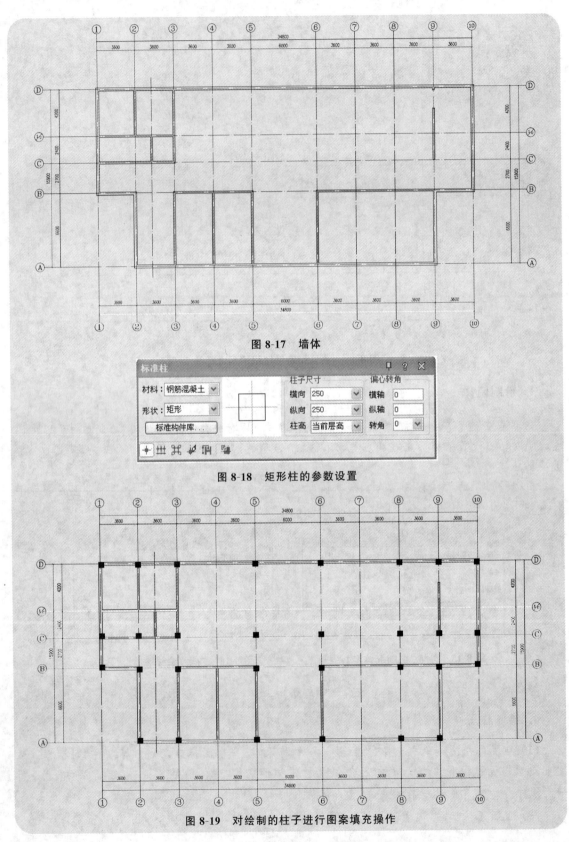

图 8-17　墙体

图 8-18　矩形柱的参数设置

图 8-19　对绘制的柱子进行图案填充操作

5．绘制门窗

门窗的形式很多，天正软件提供了多种定位方式，以便快速在墙内确定门窗的位置。同时，新增动态输入方式，在拖曳定位门窗的过程中按 Tab 键可切换门窗定位的当前距离参数，键盘直接输入数据可进行定位，适合在各种门窗定位方式中混合使用。

1）门的绘制

在屏幕左侧菜单中选择"门窗"→"门窗"命令图标，弹出"门"对话框，通过此对话框设置门的编号、类型、门宽和门高等参数，然后单击"插门"图标，选择相应的绘制方法，就可以在图中绘制门了，如图 8-20 所示。

绘制门的方法有：自由插入、沿墙顺序插入、轴线等分插入、墙段等分插入、垛宽定距插入、轴线定距插入、按角度定位插入、满墙插入及插入上层门窗、组合门窗、带形窗、转角窗等。

图 8-20　"门"对话框

2）窗的绘制

在屏幕左侧菜单中选择"门窗"→"门窗"命令图标，弹出"窗"对话框，通过此对话框设置窗的编号、类型、窗宽和窗高等参数，然后单击"插窗"图标，选择相应的绘制方法，就可以在图中绘制窗了，如图 8-21 所示。

图 8-21　窗的对话框

根据图中尺寸标注将门窗插入到指定位置，如图 8-22 所示。

6．绘制楼梯

在屏幕左侧菜单中单击"楼梯其他"按钮，展开如图 8-23 所示的下拉菜单。可以根据图中的梯段形式选择样式。

选择"双跑楼梯"命令图标后，在弹出的"双跑楼梯"对话框中根据楼梯平面图和楼梯剖面图进行基本参数设置，如图 8-24 所示。

在图 8-23 中选择"电梯"命令图标，弹出"电梯参数"对话框，如图 8-25 所示，根据图中的尺寸设置好参数后，绘制在指定位置。

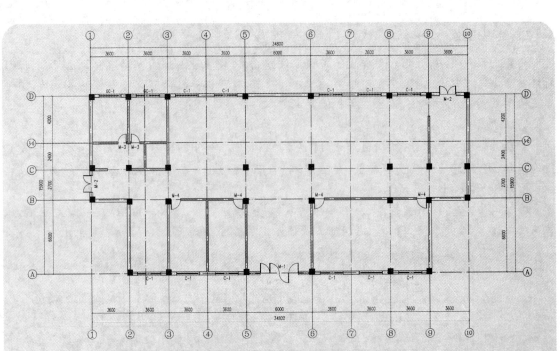

图 8-22　门窗绘制后的图形

图 8-23　楼梯的样式

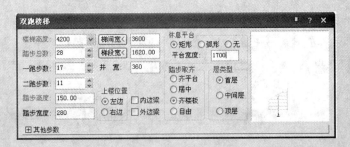

图 8-24　双跑楼梯的设置

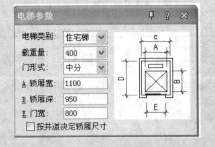

图 8-25　"电梯参数"对话框

在图中相应的位置插入首层楼梯图，如图 8-26 所示。

7. 绘制洁具

在屏幕左侧菜单中选择"房间屋顶"→"房间布置"→"布置洁具"命令图标，如图 8-27 所示，弹出"天正洁具"对话框，如图 8-28 所示。

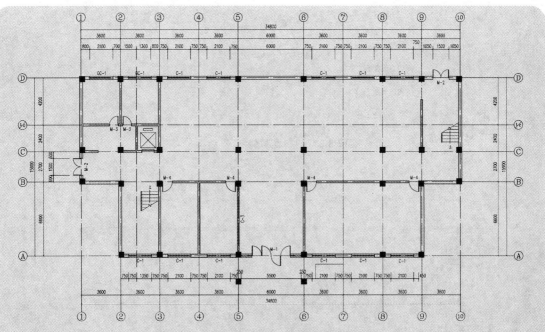

图 8-26　楼梯和电梯插入后的图形

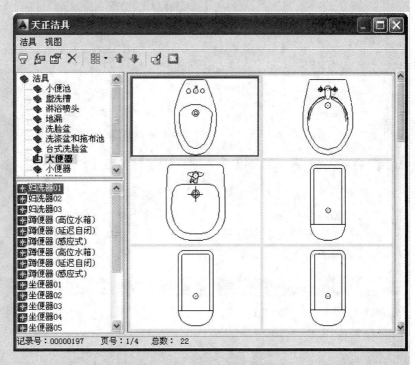

图 8-27　"房间屋顶"菜单　　　　　图 8-28　"天正洁具"对话框

　　在"天正洁具"图库中双击所需布置的卫生洁具,弹出相应的现对话框,如图 8-29 所示。在该对话框中对基本参数进行设置好后,可以选择自由插入、均匀分布、沿墙布置和以已有洁具布置等方式。在图中布置完成后如图 8-30 所示。

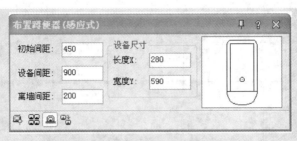

图 8-29 "布置蹲便器"对话框

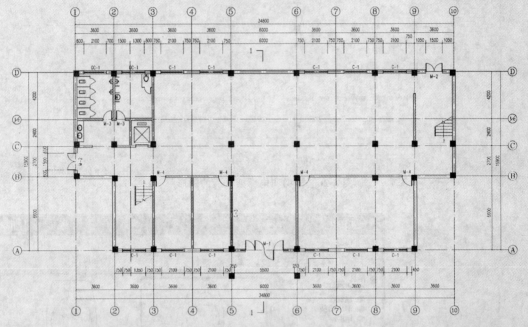

图 8-30 绘制卫生洁具

8. 绘制台阶、坡道及散水

在屏幕左侧下拉菜单中选择"台阶"命令图标，弹出如图 8-31 所示的"台阶"对话框，在该对话框中设置完参数，选择台阶的样式后，在图中指定的位置绘制即可。

在屏幕左侧下拉菜单中选择"坡道"命令图标，弹出如图 8-32 所示的"坡道"对话框，在该对话框中设置完参数后，在图中指定的位置绘制即可。

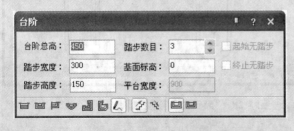

图 8-31 "台阶"对话框　　　　　图 8-32 "坡道"对话框

在屏幕左侧下拉菜单中选择"散水"命令图标，弹出如图 8-33 所示的"散水"对话框，在该对话框中设置完参数后，在图中指定的位置绘制即可。

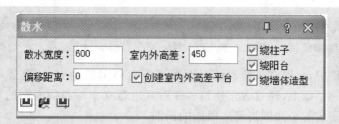

图 8-33 "散水"对话框

9. 门窗尺寸标注

在屏幕左侧菜单中选择"尺寸标注"按钮,展开相应的下拉菜单。其中有很多尺寸标注方式,具体如图 8-34 所示。

选择"门窗标注"命令图标,然后根据命令行的提示进行标注即可,如图 8-35 所示。第一道尺寸线为外包尺寸的外侧,第二道尺寸线为外墙内侧,系统自动定位绘制该段墙体的门窗标注。绘制完成的结果如图 8-36 所示。

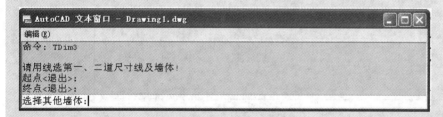

图 8-35 调用门窗标注过程

图 8-34 尺寸标注种类

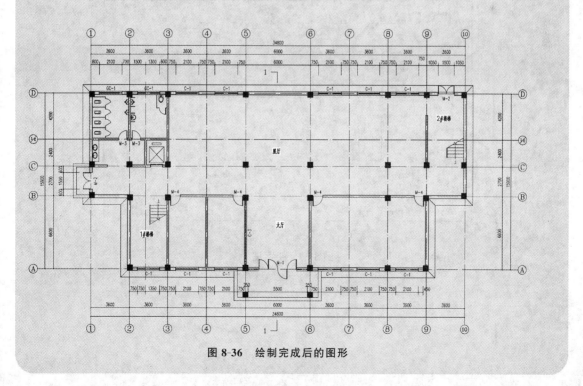

图 8-36 绘制完成后的图形

34.2 建筑立面图的绘制

在天正建筑软件中,可以在已绘制的平面图进行立面图的生成,从而节省绘图时间。在已经绘制完成平面图的基础上,通过天正建筑软件对其进行立面图与剖面图的快速出图。下面针对上面小节中绘制完成的平面图讲解立面图的出图。

工程实际操作 8-2

如图 8-37 所示的平面图对应的立面图的绘制步骤如下。

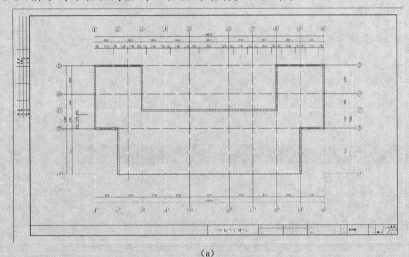

(a)

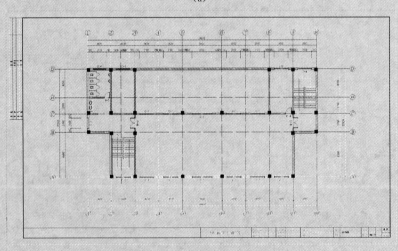

(b)

图 8-37 平面图

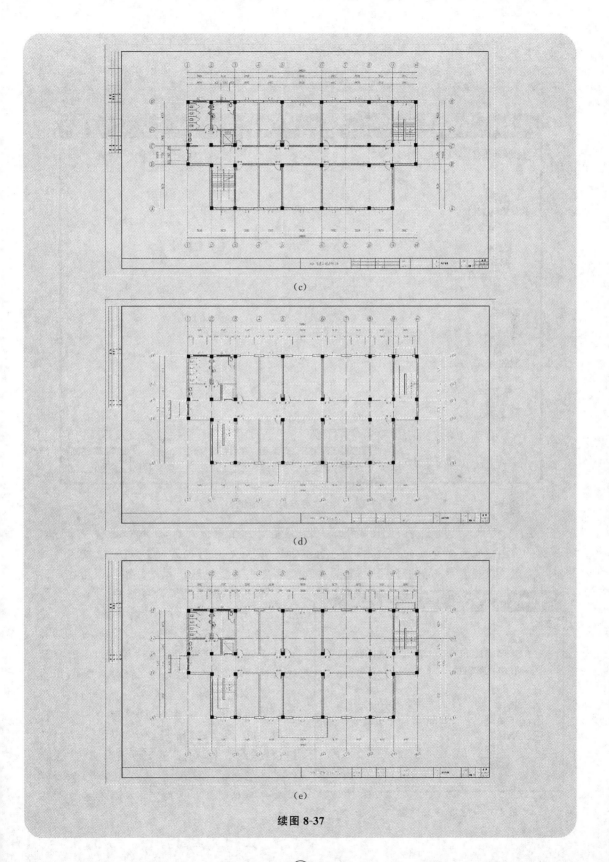

（c）

（d）

（e）

续图 8-37

选择"文件布图"→"工程管理"命令，弹出"工程管理"面板，单击"工程管理"面板中的"工程管理"下拉菜单按钮，单击"新建工程"，弹出"另存为"对话框，如图 8-38 所示，输入相应文件名后单击"保存(S)"按钮。

图 8-38 "另存为"对话框

在"工程管理"面板中打开"图层"选项组，单击第二个图标按钮，根据命令行提示选取一层平面图的图框对角线，然后根据命令行提示选取"对齐点"，在图中选取 A-13 交点为对齐点。完成该操作后，使用同样的方法对每张平面图中进行选取。如果每张平面图在不同的文件下单击"图层"选项组中的第一个按钮，则可对每张平面图进行逐层插入。

选择"立面"→"建筑立面"命令，根据命令行提示输入"F"，然后继续根据命令行提示选取要出现在立面图上的轴线"A 轴"，弹出如图 8-39 所示的"立面生成设置"对话框，设置相应的参数后单击"生成立面"按钮，弹出如图 8-40 所示的"输入要生成的文件"对话框，根据图纸名称输入"立面图"，单击"保存(S)"按钮，这样立面图就生成完毕了，天正建筑软件会自动打开生成完毕并保存的立面图文件。

图 8-39 "立面生成设置"对话框

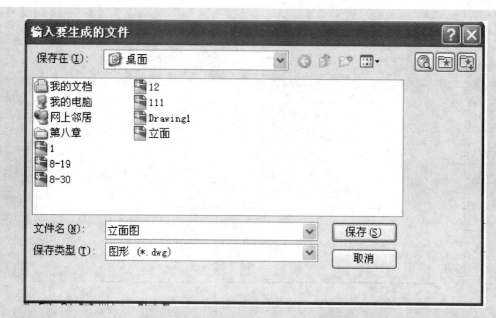

图 8-40 "输入要生成的文件"对话框

所生成的立面图如图 8-41、图 8-42、图 8-43 和图 8-44 所示。

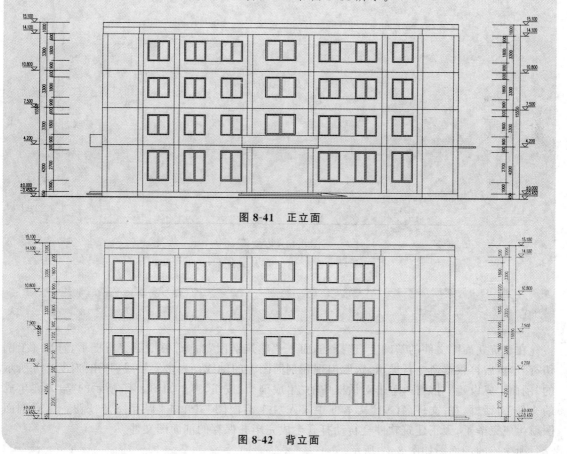

图 8-41 正立面

图 8-42 背立面

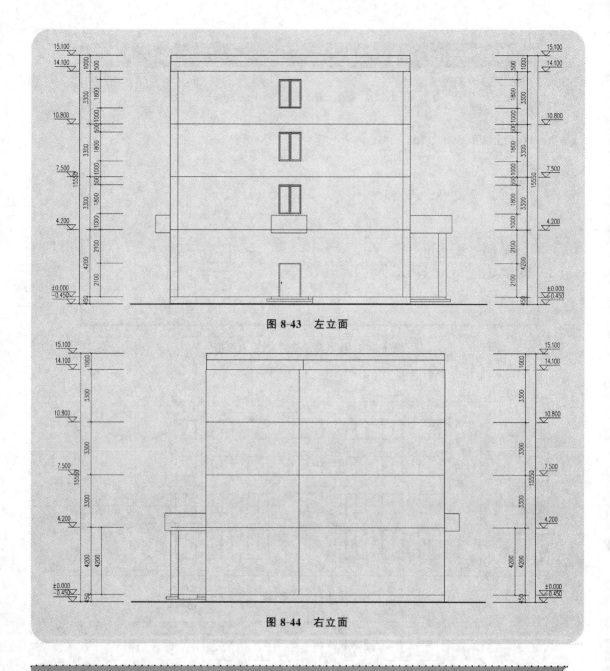

图 8-43　左立面

图 8-44　右立面

34.3　建筑剖面图的绘制

在建筑立面图文件的基础上，选择"剖面"→"建筑剖面"命令，根据命令行提示，选取 1-1 剖切符号，然后再根据命令行提示，选取出现在剖面图上的轴线。右击⑤轴线，弹出如图 8-45 所示的"剖面生成设置"对话框，单击对话框中的"生成剖面"按钮，弹出如图 8-46 所示的"输入要生成的文件"对话框，在"文件名（N）"文本框中输入"1-1 剖面图"并单击"保存（S）"按钮。这样剖面图就生成完毕了，天正建筑软件会自动打开生成完毕并保存的剖面图文件。

所生成的剖面图如图 8-47 所示。

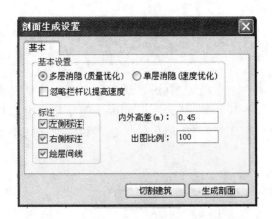

图 8-45 "剖面生成设置"对话框

图 8-46 "输入要生成的文件"对话框

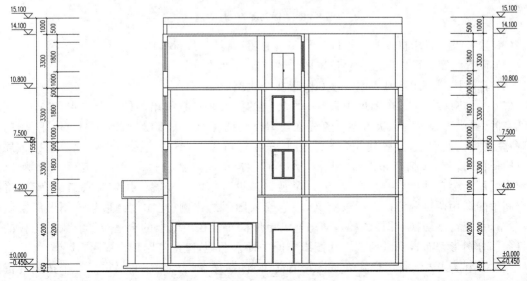

图 8-47 剖面图

34.4 图形打印

在当前模型空间或图纸空间中插入图框，新增通长标题栏功能及图框直接插入功能，预览图像框提供鼠标滚轮缩放与平移功能，插入图框前按当前参数拖曳图框，用于测试图幅是否合适。图框和标题栏统一由图框库管理，能使用的标题栏和图框样式不受限制，新的带属性标题栏支持图纸目录生成。

具体操作步骤如下。

（1）打开方式：选择"文件布图"→"插入图框"命令。

（2）执行该命令之后，弹出如图 8-48 所示的"插入图框"对话框。

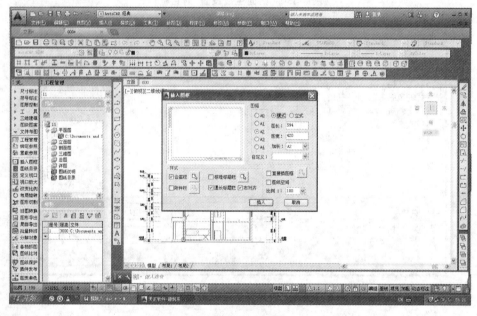

图 8-48 "插入图框"对话框

（3）选择设置打印机。针对不同的打印机的驱动程序，进行操作。

（4）设置线宽。可以通过颜色设置图线的打印宽度。

（5）打印比例。注意要考虑文字和图形两个比例。

（6）多比例布图。一个图框中只有一个比例的图形是计算机出图的一个难点，TArch 利用图纸空间，提供了很好的解决方案。首先在模型空间把各部分图都绘制好，绘图时使用"当前比例"命令进行比例设定，或者使用"改变比例"命令进行更改，然后进入图纸空间。选择布局标签，进行页面设置，包括打印设备、纸张大小、打印样式表等，注意打印比例一定要设置为1:1。系统在纸面上会自动创建一个视口，但这个视口是没有用的。接着使用定义视口的命令，将模型空间中的图用两点确定的矩形框定义，注意输入图形的比例（此比例必须与该图形的绘制比例一致），系统自动切换到图纸空间，动态拖曳矩形框布置在图纸上的合适位置。采用同样的步骤将各部分图形都布置到纸面上。在图纸空间中插入图框，直接打印输出即可。

（7）打印样式表。打印样式表是设置笔宽和颜色的控制表，TArch 提供了一个按照规范设置好颜色和笔宽的对应关系的打印样式表，在页面设置对话框中可以直接选用。

模块 **9**

中望 CAD 软件简介

学习目标

学习目标

☆ **模块任务**

熟悉并掌握中望 CAD 的基本操作,了解中望 CAD 建筑版软件。

☆ **专业能力**

中望 CAD 命令的输入方法,熟练掌握中望 CAD 文件的新建与保存。

☆ **专业知识点**

对不同 CAD 版本之间的切换使用。

课题 35　中望 CAD 软件的概述

中望 CAD 是由广州中望龙腾软件股份有限公司于 2002 年推出的具有自主知识产权的 CAD 软件。中望 CAD 根据使用行业的实际应用特点进行深度开发，适用于园林、建筑、装饰、规划、测绘、服装、模具、机械、造船、汽车、电力、电子等多个行业的工程制图。

经历十多年的开发拓展，2008 年 12 月中望 CAD 2009 版正式推出，2010 年 3 月，中望 CAD 2010 版面向全球同步发布，现在已推出全新的二维 CAD 平台软件。中望 CAD 具有高度的 CAD 兼容性、稳定性，并以人性化的 Ribbon（功能区）界面，让界面更清晰，使用更便捷，同时可以切换 CAD 经典界面，保持了原有 AutoCAD 用户的使用习惯。

小提示：

中望 CAD 打开 AutoCAD 文件时不需要进行转换，中望 CAD 以 dwg 格式文件作为内部工作文件，支持 AutoCAD 所有版本的 dwg 文件和 dxf 文件，并且可以在 AutoCAD 软件相应版本中直接打开、编辑和保存。

35.1　中望 CAD 的工作界面

图 9-1　中望快捷图标

为了方便用户更快、更直接地了解和熟悉中望 CAD，这里选择了中望 CAD 简体中文版的经典界面，希望通过介绍中望 CAD 工作界面中各组成部分和功能，用户可以根据自己的使用习惯和绘图的需要来设计中望 CAD 的工作界面。

双击桌面上的中望 CAD 快捷图标（见图 9-1），启动中望 CAD，进入系统默认的工作界面，如图 9-2 所示。

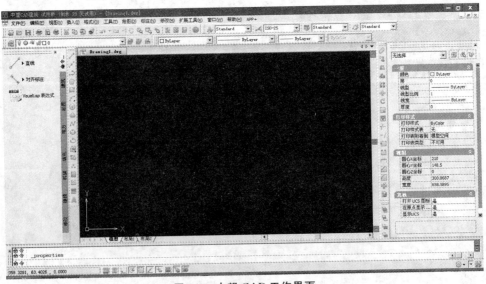

图 9-2　中望 CAD 工作界面

中望 CAD 的工作界面主要由标题栏、菜单栏、工具栏、工具选项板、绘图窗口、十字光标、坐标系图标、模型选项卡、布局选项卡、滚动条、命令行窗口及状态栏等部分组成。

一、标题栏

标题栏用于显示当前使用软件的版本及开启文件的名称,如图 9-3 所示。

图 9-3 标题栏

二、菜单栏

菜单栏位于标题栏下方,中望 CAD 所有的绘图命令都可以通过菜单栏实现。其中,包括文件、编辑、视图、插入、格式、工具、绘图、标注、修改、扩展工具、窗口、帮助共 12 个菜单栏,如图 9-4 所示,并且各个菜单都包含相对应的子菜单。

文件(F) 编辑(E) 视图(V) 插入(I) 格式(O) 工具(T) 绘图(D) 标注(N) 修改(M) 扩展工具(X) 窗口(W) 帮助(H) APP+

图 9-4 菜单栏

1. 打开对应的下拉菜单

打开对应的下拉菜单有如下两种方法。

(1)单击菜单栏上的按钮会弹出相对应的下拉菜单。

(2)利用快捷键的方式开启相对应的下拉菜单。同时按下 Alt 键和对应菜单括号后面的字母打开下拉菜单。

例如:想展开如图 9-5 所示的"编辑(E)"下拉菜单,可以单击"编辑"按钮,还可以按 Alt+E 快捷键。

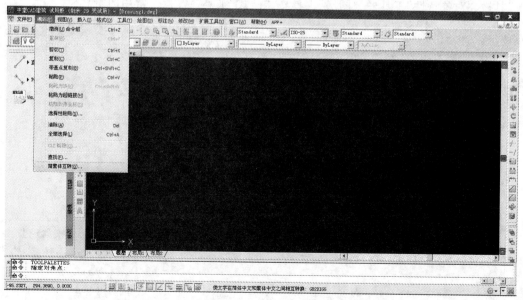

图 9-5 "编辑"菜单栏

2. 级联菜单

在下拉菜单中有些菜单选项的右侧有黑色三角形，当鼠标滑过时会自动显示其子菜单，如图 9-6 所示。

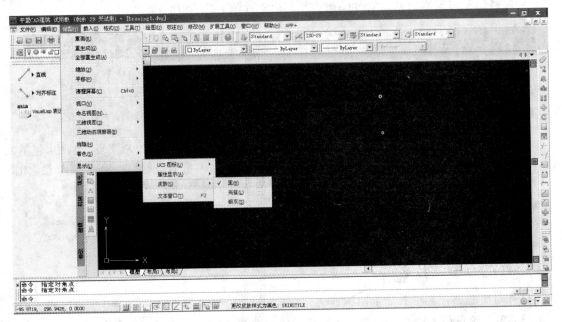

图 9-6 级联菜单

三、工具栏

在中望 CAD 中共有 35 个工具栏，系统默认界面只显示"标准"工具栏、"绘图"工具栏、"修改"工具栏、"对象特性"工具栏、"图层"工具栏、"样式"工具栏等六个常用的工具栏。

> **小提示：**
>
> 当开启多个文件，需要同时操作时，可以通过菜单栏"窗口"下拉菜单中的层叠、水平平铺和垂直平铺选项，来布置绘图窗口。
>
> 虽然通过菜单栏可以完成所用命令，但是在绘图过程中，使用菜单栏选择绘图工具，会大大降低绘图速度，建议在工作过程要养成使用命令行输入和快捷键操作的习惯。

1. "标准"工具栏

"标准"工具栏如图 9-7 所示。

图 9-7 "标准"工具栏

2. "绘图"工具栏

"绘图"工具栏如图 9-8 所示。

图 9-8 "绘图"工具栏

3. "修改"工具栏

"修改"工具栏,如图 9-9 所示。

图 9-9 "修改"工具栏

4. "对象特性"工具栏

"对象特性"工具栏如图 9-10 所示。

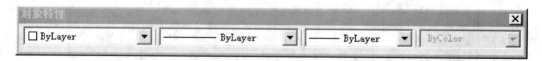

图 9-10 "对象特性"工具栏

5. "图层"工具栏

"图层"工具栏,如图 9-11 所示。

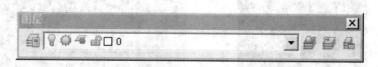

图 9-11 "图层"工具栏

6. "样式"工具栏

"样式"工具栏,如图 9-12 所示。

图 9-12 "样式"工具栏

打开或隐藏工具栏，可以采用如下三种方法。

（1）命令行：TOOLBAR 或 TO。

（2）菜单栏：选择"工具"→"自定义"→"工具栏"命令。

（3）工具栏：在任意工具条上右击，在弹出的对话框中选中需要开启或隐藏的工具栏，如图 9-13 和图 9-14 所示。

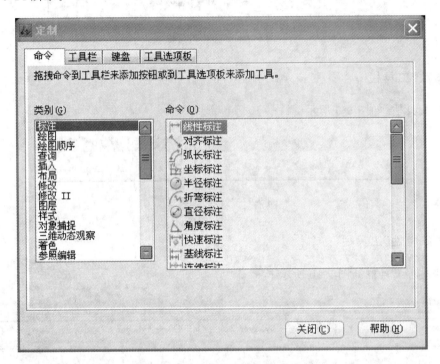

图 9-13　工具栏设置

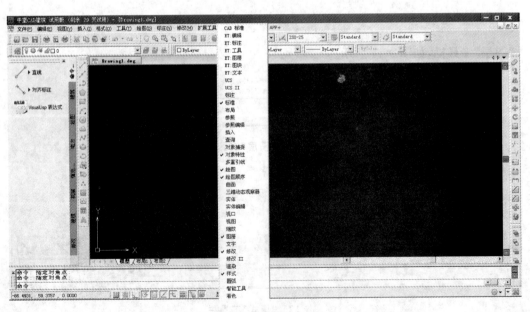

图 9-14　开启工具栏

小提示:

当鼠标滑过工具栏上的命令按钮时,系统会显示该命令的名称和对应的快捷键的注释信息,以便用户确认命令,再单击命令按钮后执行命令。

中望CAD中的工具栏具有浮动性,用户可以根据自己的使用习惯,在任意工具栏的边缘,按住鼠标左键,待出现虚线框后,拖动工具栏到屏幕上任何想要放置的位置上。

四、工具选项板

打开工具选项板窗口的方式有以下四种。

(1)命令行:TOOLPALETTES。

(2)菜单栏:选择"工具"→"工具选项板窗口"命令。

(3)工具栏:在"标准"工具栏中的单击"工具选项板"按钮。

(4)快捷键:Ctrl+3

五、绘图窗口

绘图窗口是中望CAD进行绘制、显示和观察图形的重要工作区域。在绘图窗口的内部和边框的边缘分别设有十字光标、坐标系图标、"模型"选项卡、"布局"选项卡和滚动条等,如图9-15所示。

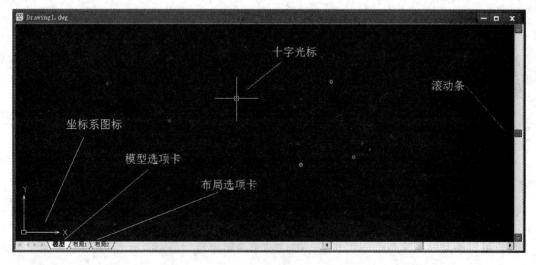

图 9-15　绘图窗口

1. 十字光标

十字光标主要用于选择和移动对象,并且用于显示当前工作点在坐标系中的位置。

2. 坐标系图标

在绘图区域的左下角带有 X、Y 方向的箭头图标为坐标系图标,主要用于绘制点的参照坐标系。用户可以根据绘图需要打开和关闭坐标系图标。

打开与关闭的坐标系图标的方法：选择"视图（V）"→"显示（L）"→"UCS 图标（U）"→"开（O）"命令，如图 9-16 所示。

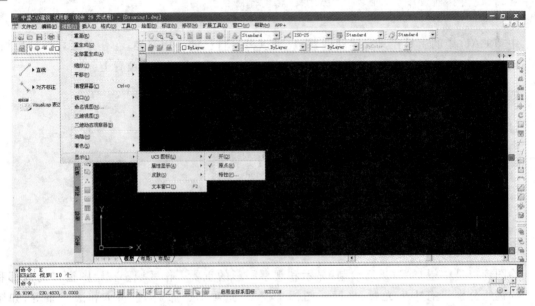

图 9-16　打开坐标系图标

3. "模型"选项卡

在中望 CAD 绘图窗口的左下角设置了"模型"和"布局"选项卡，系统默认显示"模型"选项卡下的模型空间，用户可以在这个界面下绘制和修改图形，并且这个绘图区域没有最大界限，可通过缩放功能进行放大和缩小。

4. "布局"选项卡

选择"布局"选项卡，从模型空间转换到布局空间，主要用于打印出图，并且在布局空间可以设定不同规格的图纸。

5. 滚动条

用户可以拖动绘图窗口的右侧和下方的滚动条对图形进行浏览。

六、选项卡

选项卡用于显示当前开启文件的名称，如图 9-17 所示，在选项卡的空白处右击，可以新建或打开文件。

图 9-17　选项卡

打开与隐藏选项卡的方法：在工具栏的空白处单击右键，选择或取消选择选项卡。

七、命令行窗口

在中望CAD中，命令行窗口由两部分组成，分别为命令行提示和命令历史窗口。

命令行提示：用于输入命令，输入结束后按回键或空格键，执行命令。

命令历史窗口：用于保存中望CAD当前文件中所有执行过的命令，如图9-18所示，可以通过拖动边缘线的方式调整命令历史窗口的大小。

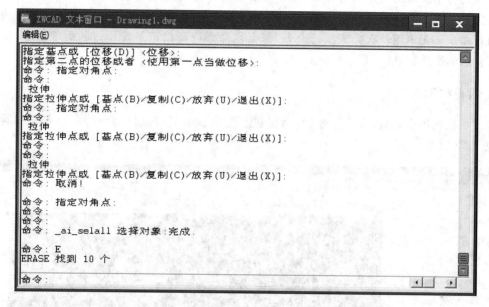

图9-18　命令行窗口

八、状态栏

状态栏下包括提示行和辅助功能区，如图9-19所示。

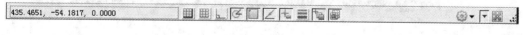

图9-19　状态栏

1. 提示行

提示行用于显示当前十字光标在空间中的精确位置。用户可以通过按F6键打开或关闭坐标系。

2. 辅助功能区

提示行右侧为辅助功能区，主要包括捕捉模式、栅格显示、正交模式、极轴追踪、对象捕捉、对象捕捉追踪、显示隐藏线宽、模型或图纸空间等八项辅助功能，这些功能主要用于帮助用户更精确地绘制图形，当鼠标滑过这些功能按钮时，会提示相对应的功能名称，单击后可以进行打开和关闭的切换。

35.2　中望 CAD 命令的输入方法

作为初学者，首先要掌握 CAD 命令的基本输入方法，才能更好地学习后面的内容。

一、输入命令的方式

绘图过程中常用的命令执行方式有三种：菜单栏输入、工具栏输入和命令行输入，个别命令只能通过命令行输入或对话框选择，还有部分命令除常用的三种执行方式外还可以通过快捷菜单来执行命令。无论用什么方式执行命令，都会在命令行窗口记录操作过的命令历史，以便用户查阅自己的操作信息。

1. 菜单栏输入

在菜单栏选项中，单击某一命令后，会在状态栏中显示当前选择命令的命令名和相对应的命令说明，如图 9-20 所示。

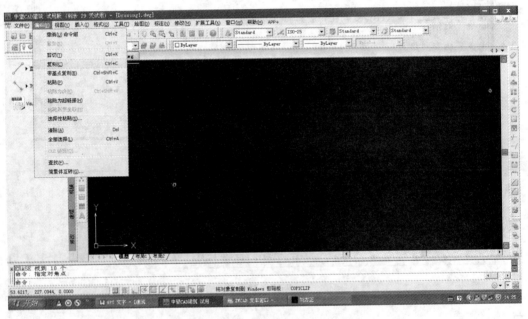

图 9-20　菜单栏输入方式

2. 工具栏输入

单击激活命令，然后在绘图窗口再次单击确定工作起点，执行相应的命令。

3. 命令行输入

在命令行窗口中单击，光标闪动后输入命令名或命令缩写字母（命令输入以英文字符出现，不区分大小写），然后按回车键或空格键激活命令。在绘图窗口单击，确定工作点，执行命令。

4. 快捷命令输入

在命令行窗口的空白处右击,弹出右键快捷菜单,可在"最近的输入"的子菜单中选择需要的命令,系统默认存储六个最近操作过的命令,如果长期使用某六个以内的命令,使用这种方法非常便捷,如图9-21所示。

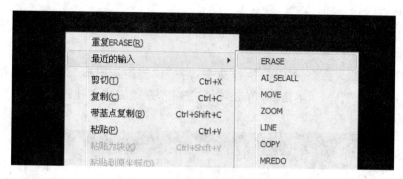

图 9-21　快捷命令输入方式

二、鼠标操作

(1)左键:执行命令、选取对象、移动、定位点。
(2)中键:平移视窗(P)、放大与缩小视窗。
(3)右键:确认、取消、重复执行上次使用的命令。

三、键盘操作

(1)空格键:确认执行的命令,取消、重复上次操作的命令。
单击:执行命令。
双击:取消命令。
三击:重复执行上次的命令。
(2)回车键:与空格键功能相同。
(3)ESC键:取消一个正在执行的命令和取消当前选取的对象。

> **小提示:**
>
> 在实际工作中,要求绘图的熟练度和速度,所以命令行输入命令缩写字母,可以大大提高工作效率,建议在日后的练习中要多练习使用命令行输入的方法。

35.3　中望 CAD 文件的新建与保存

本项目主要任务是学习中望CAD基本操作的内容,包括新建文件、打开文件、保存文件、退出文件。

一、新建文件

用户在开始使用中望 CAD 绘制图形之前,首先要新建一个 CAD 文件。新建中望 CAD 文件的命令启动方式有如下四种。

(1) 命令行:NEW。

(2) 菜单栏:选择"文件"→"新建"命令。

(3) 工具栏:单击"标准"工具栏中的"新建"按钮。

(4) 快捷键:Ctrl+N。

在命令行提示中输入命令:NEW,执行命令后弹出"创建新图形"对话框,如图 9-22 所示。在默认设置下选中"公制(M)"单选框,单击"确定"按钮,系统完成创建新图形文件,图形名默认为 drawing1.dwg。

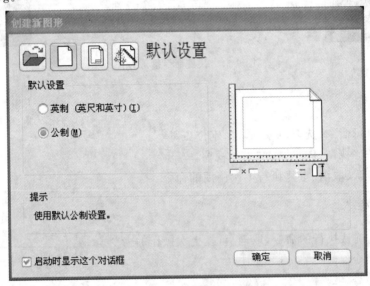

图 9-22 "创建新图形"对话框

二、打开文件

打开文件的命令启动方式有如下四种。

(1) 命令行:OPEN。

(2) 菜单栏:选择"文件"→"打开"命令。

(3) 工具栏:单击"标准"工具栏中的"打开"按钮。

(4) 快捷键:Ctrl+O。

执行该命令后,弹出"选择文件"对话框,选择需要打开的文件,单击"打开(O)"按钮,如图 9-23 所示。

三、保存文件

保存文件的命令启动方式有如下四种。

(1) 命令行:SAVE 或 QSAVE。

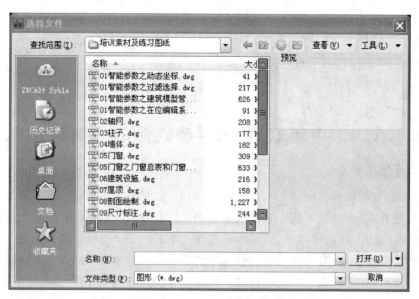

图9-23 "选择文件"对话框

（2）菜单栏：选择"文件"→"保存"或"另存为"命令。

（3）工具栏：单击"标准"工具栏中的"保存"按钮。

（4）快捷键：Ctrl+S。

执行该命令后，弹出"图形另存为"对话框，在"名称（N）"文本框中输入文件名，选择文件类型，单击"保存（S）"按钮，如图9-24所示。

图9-24 "图形另存为"对话框

四、退出文件

退出文件的命令启动方式有如下三种。

（1）命令行：QUIT。

（2）菜单栏：选择"文件"→"退出"命令。

（3）工具栏：单击窗口右上角的关闭按钮。

课题 36 中望 CAD 软件建筑版的特性简介

中望建筑 CAD 软件涵盖中望 CAD 平台的所有功能，是目前国内第一套从底核平台到专业设计一体化的建筑 CAD 设计系统。软件采用自定义对象技术，以建筑构件作为基本设计单元，具有人性化、智能化、参数化和可视化特征，集二维工程图、三维表现和建筑信息于一体。具有较强的趣味性与可视性，绘图过程中既能快速掌握软件的各个操作功能，又能快速学习各类建筑构件的专业知识，对于构建学生三维空间想象能力有较强的帮助作用。该软件与行业应用贴合，反映了行业新规范、新技术和新工艺，适合职业类院校示范院校建设中建筑工程技术专业人才培养目标及教学改革要求；该软件亦适合在高等院校建筑类专业教育教学研究中使用。

中望建筑 CAD 软件支持主流的操作系统，最大限度地发挥硬件多核、高内存的性能，同时汇集了建筑设计行业专用功能和丰富的图库，显著加快设计效率，极大提升用户的设计能力。

在集成了中望 CAD 全部功能的基础上，中望建筑 CAD 软件更具有如下特色。

（1）深度兼容主流建筑软件的操作习惯和文件格式。

（2）CAD 平台软件，即可直接打开和显示中望建筑 CAD 软件的图纸，无须插件支持。

（3）采用自定义剖面对象，提供绘图工具，让剖面绘图与编辑更智能。

（4）门窗整理系列、智剪轴网、在位编辑等特色功能，让建筑设计更方便、快捷。

图 9-25 所示为中望 CAD 建筑版的界面。

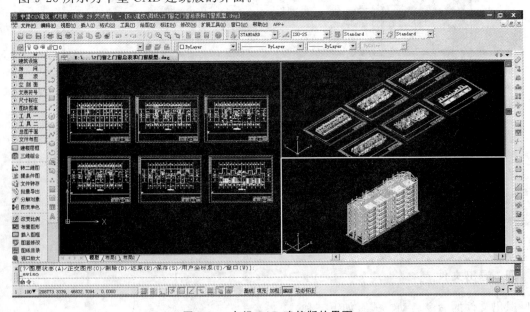

图 9-25 中望 CAD 建筑版的界面

中望 CAD 建筑版采用新一代中望 CAD 软件平台,在占用内存和 CPU 资源消耗上,比同类软件更少,能快速打开与运行更大的工程图纸。同时,中望 CAD 软件提供一系列辅助绘图工具,使建筑设计更高效灵活。

36.1　超强兼容

参数化编辑:深度兼容清华斯维尔建筑图纸与天正建筑图纸(TArch 3～TArch 8),直接参数化编辑这些建筑软件所生成的自定义实体。

无插件依赖:不需要任何插件,纯 CAD 平台即可直接打开中望建筑 CAD 软件所生成的图纸,而不丢失任何图元构件。

双向兼容:中望建筑 CAD 软件支持将图档数据转换为天正建筑图纸格式,可用于其他建筑设计软件对图纸继续设计,如图 9-26 所示。

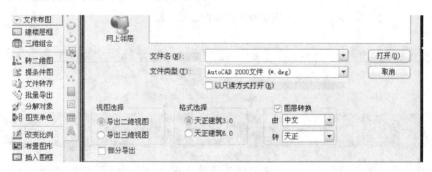

图 9-26　双向兼容

36.2　界面定制

屏幕菜单采用"折叠式"两级结构形式,菜单结构清晰、图文并茂,支持右击及滚轮快捷调用与切换子菜单。中望建筑 CAD 软件提供"尺寸标注"、"立剖面"、"总图平面"三种个性菜单,并支持用户自定义配置屏幕菜单,如图 9-27 所示。

中望建筑 CAD 软件遵循屏幕菜单创建中,右键菜单编辑的原则,其右键菜单中功能丰富,根据不同对象类型,弹出与之对应的编辑命令,简化操作步骤,显著提升操作效率,如图 9-28 所示。

状态栏直接操作建筑绘图中常用的比例控件,以及基线、填充、加粗、编组和动态标注五个控制按钮,如图 9-29 所示,可以快速切换图面显示效果。

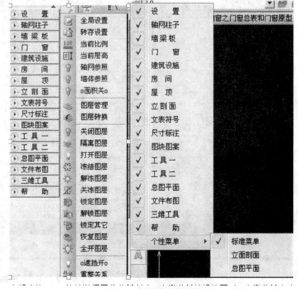

图 9-27　个性菜单

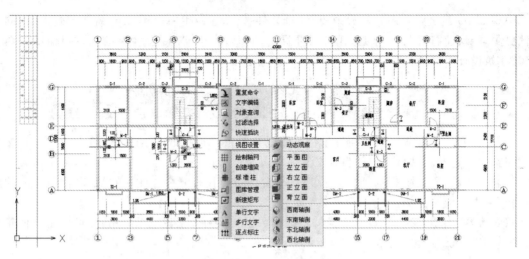

图 9-28　丰富的菜单功能

图 9-29　状态栏

36.3　标准规范

　　中望建筑 CAD 软件,制定了标准中文和标准英文两个图层标准,同时还支持应用广泛的天正图层标准,三者之间可以互相转换,如图 9-30 所示。

图层关键字	中文标准	英文标准	天正标准	颜色	线型	备注
建筑						
建筑-板	建-板	A-SLAB	A-SLAB	3	GB.GB_DASH1	
建筑-标高标注	建-标高标注	A-ELEVATION-DIM	DIM-ELEV	3	CONTINUOUS	标高标注
建筑-层线	建-层线	A-Floorline	A-Floorline	251	CONTINUOUS	立剖面层线
建筑-尺寸	建-尺寸	A-DIMS	PUB_DIM	3	CONTINUOUS	尺寸标注
建筑-地面	建-地面	A-GRND	GROUND	3	CONTINUOUS	地面
建筑-电梯	建-电梯	A-LIFT	STAIR	2	CONTINUOUS	电梯、自动扶梯以及
建筑-洞	建-洞	A-HDLE	WINDOW	4	CONTINUOUS	墙上的门洞、预留洞
建筑-洞-编号	建-洞-编号	A-HOLE-TEXT	WINDOW_TEXT	7	CONTINUOUS	洞口的编号
建筑-房间	建-房间	A-SPACE	SPACE	7	CONTINUOUS	房间名称、编号
建筑-房间-室外	建-房间-室外	A-SPACE-OUT	OUTDOOR		CONTINUOUS	代表室外的建筑轮廓
建筑-房间-套房	建-房间-套房	A-SPACE-APRT	APARTMENT	130	CONTINUOUS	套房
建筑-房间-踢脚	建-房间-踢脚	A-SPACE-KICK	KICKBOARD	6	CONTINUOUS	踢脚线、墙裙、勒脚
建筑-扶手	建-扶手	A-HAND	HANDRAIL		CONTINUOUS	楼梯、台阶、阳台栏
建筑-高窗-编号	建-高窗-编号	A-HIGHWIN-TEXT	HIGHWIN_TEXT	143	CONTINUOUS	
建筑-洁具	建-洁具	A-TOIL	LVTRY	8	CONTINUOUS	洁具
建筑-栏杆	建-栏杆	A-RAIL	RAIL	165	CONTINUOUS	三维排列生成的栏杆
建筑-立面	建-立	A-ELEV	E_LINE	7	CONTINUOUS	立面上的各种线条
建筑-立面-层间线	建-立-层线	A-ELEV-FLOR	E_FLOOR	4	CONTINUOUS	层间的分隔线
建筑-立面-扶手	建-立-扶手	A-ELEV-HAND	S_E_STAIR	4	CONTINUOUS	立面上的扶手栏杆
建筑-立面-楼梯	建-立-楼梯	A-ELEV-STAR	E_STAIR	2	CONTINUOUS	楼梯未画到的部分
建筑-立面-门窗	建-立-门窗	A-ELEV-OPEN	E_WINDOW	4	CONTINUOUS	立面上的门窗

设置当前标准　　图层转换　　颜色应用　　确　定　　取　消

图 9-30　互相转换图层

234

中望 CAD 提供了丰富的建筑图块、图案、高效易用的图库和图案管理系统,可有效地组织、管理和使用这些设计素材,如图 9-31 和图 9-32 所示。

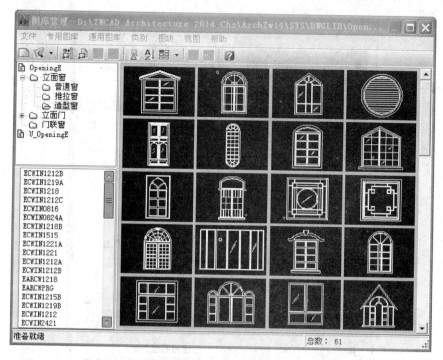

图 9-31　设计素材一

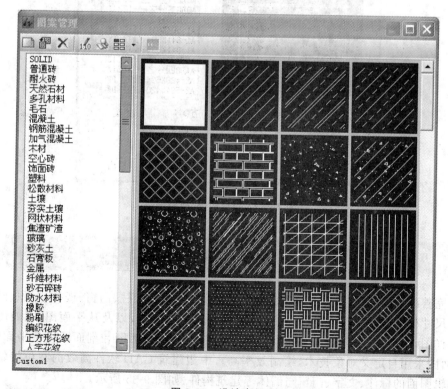

图 9-32　设计素材二

235

按房屋测量规范国家标准自动统计各种房产面积。支持插入标准图框和用户图框（见图 9-33 和图 9-34），可自动生成图纸目录。

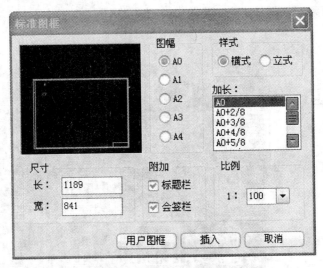

图 9-33 "标准图框"对话框

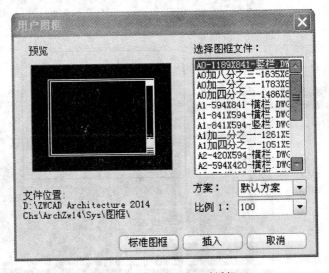

图 9-34 "用户图框"对话框

36.4 快速成图

具备完善的平面图、立面图和剖面图设计功能，从轴网、墙、柱、门窗、楼梯、屋顶、阳台、台阶的创建到尺寸标注、轴网标注、坐标标注、标高标注、文字、表格，以及从平面图、立面图、剖面图再到构件详图，中望建筑 CAD 软件都可以轻松绘制完成。立面图和剖面图可从平面图中自动生成，剖面图采用自定义对象技术，绘制效率高。中望建筑 CAD 软件高效的在位编辑功能，能直观地编辑图面的标注、文字、门窗与墙体等建筑构件，如图 9-35 所示。

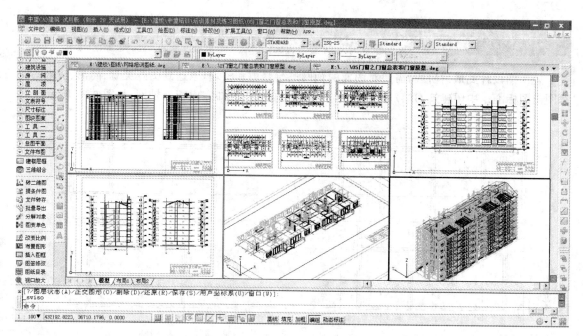

图 9-35 快速成图

36.5 在位编辑

中望建筑 CAD 软件提供方便、快捷的文字在位编辑功能,可以在不激活任何 CAD 编辑命令的情况下,对文字进行编辑,并且提供所见即所得的在位编辑模式,如图 9-36 所示。

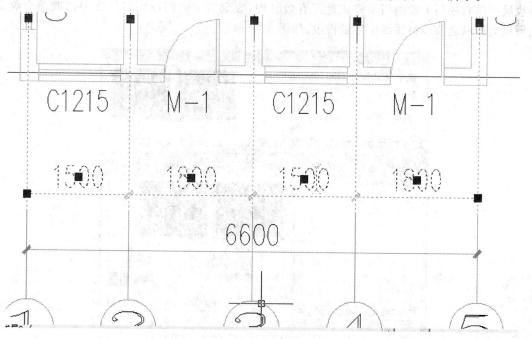

图 9-36 在位编辑

36.6　智剪轴网

施工图设计到最后阶段，需要对图面的轴网进行修剪和整理，以达到图画美观、简洁、清晰的工程图出图标准。中望建筑 CAD 软件提供智剪轴网功能，一键即完成智剪轴网，如图 9-37 所示。

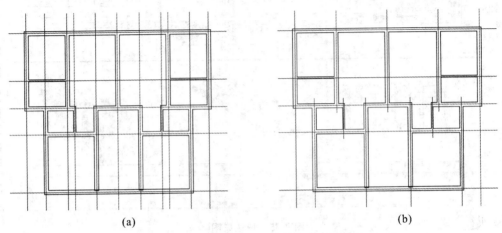

(a)   (b)

图 9-37　智剪轴网

36.7　门窗收藏

门窗收藏，用于提供对各种常用门窗的归类整理。门窗库虽然类别丰富，但查找不便。门窗收藏可以对项目中常用门窗样式进行有效管理，收藏夹中的门窗可以从库中选取单个收藏，也可以直接从之前项目图纸中批量提取，如图 9-38 所示。

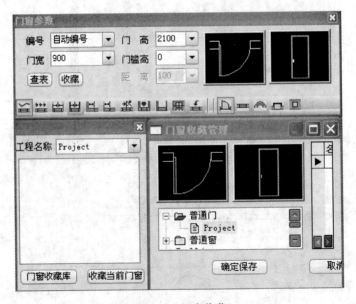

图 9-38　门窗收藏

36.8 门窗整理

门窗整理功能,可对全图门窗进行批量或逐个整理,有效管理门窗样式和门窗尺寸。通过门窗整理功能,可以快速发现设计图纸中的不合理现象,以醒目的方式提醒用户对门窗样式进行修改,如图9-39所示。

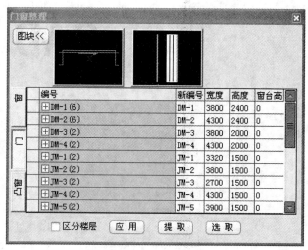

图 9-39　门窗整理

36.9 门窗调位

门窗位置很少能一步到位,在设计时,往往需要反复调整,在调整过程中,常常造成位置上的细小错位。这些细小的错位,在进行门窗标注时,图面就显得不够美观,并且不符合建筑规范。门窗调位功能可以快速批量对门窗位置进行调整,精确调整门窗端部到墙角或轴线的距离,如图9-40所示。

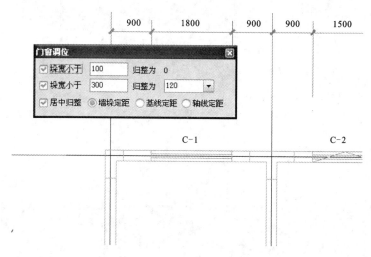

图 9-40　门窗调位

CAD 习题库

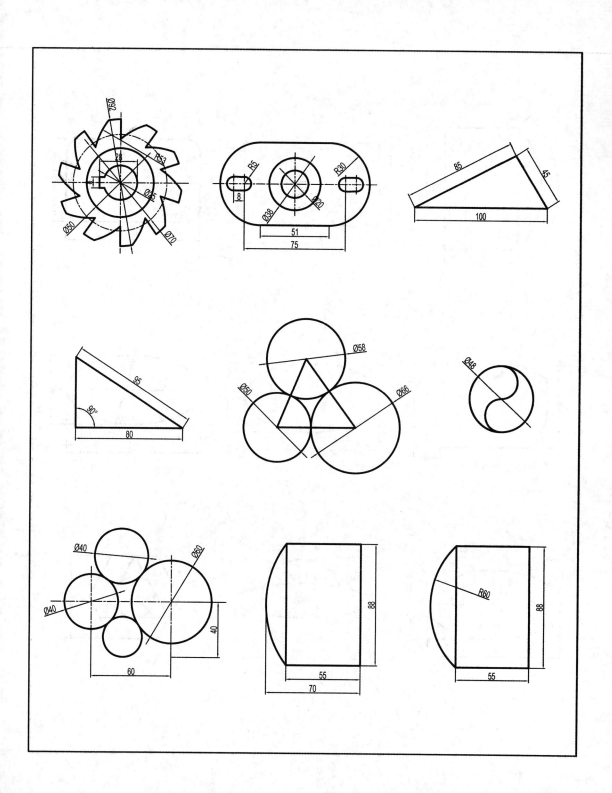

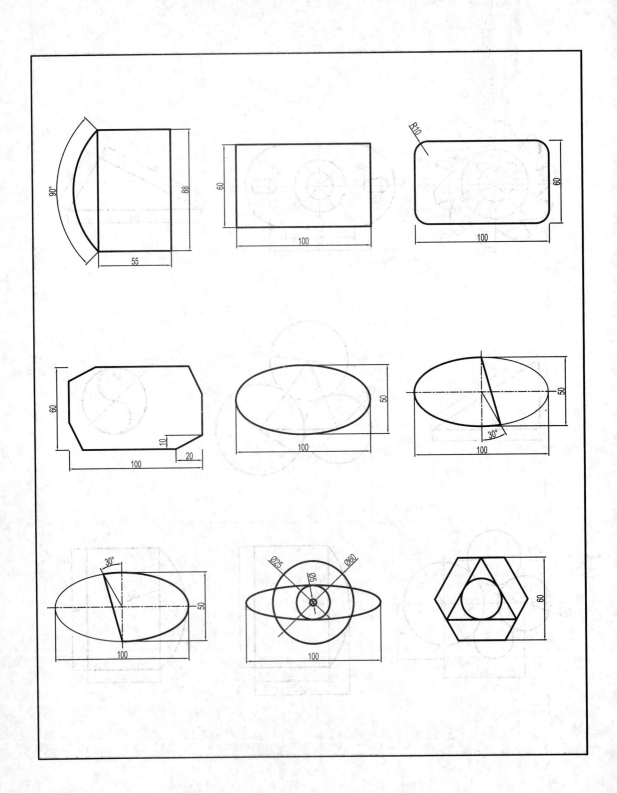

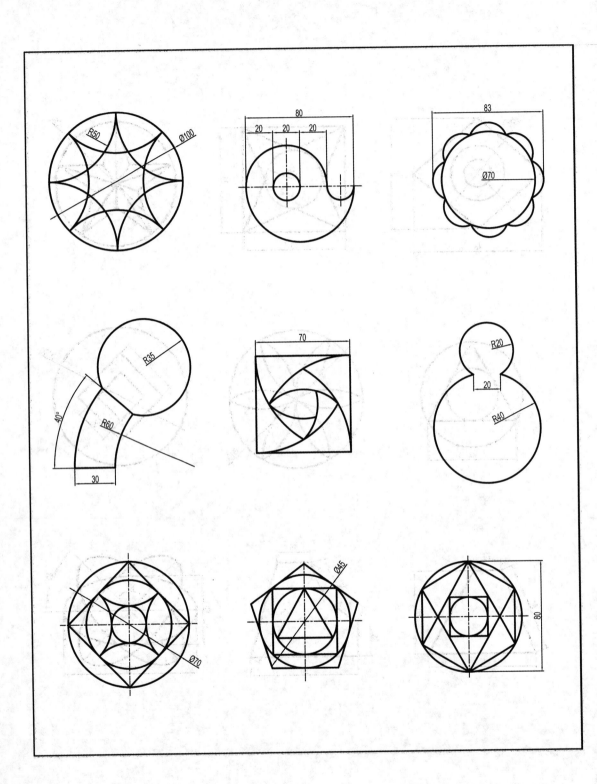

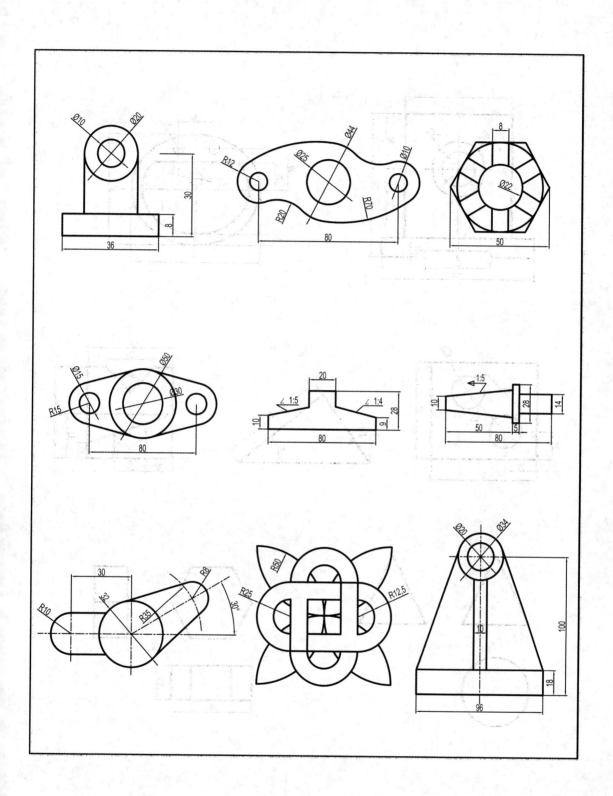

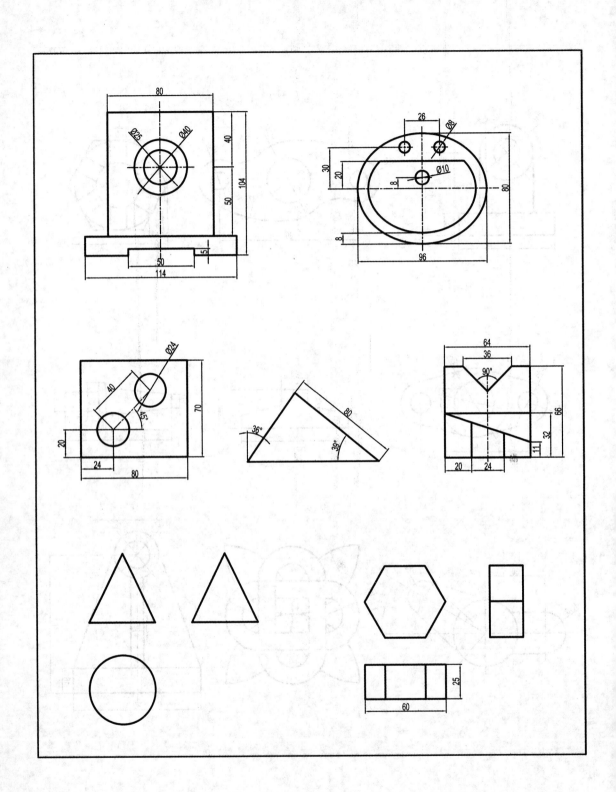

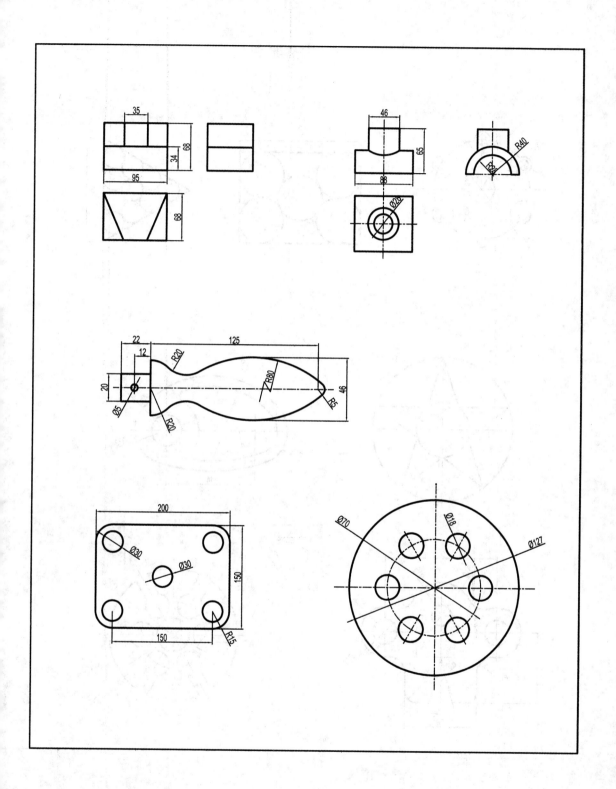

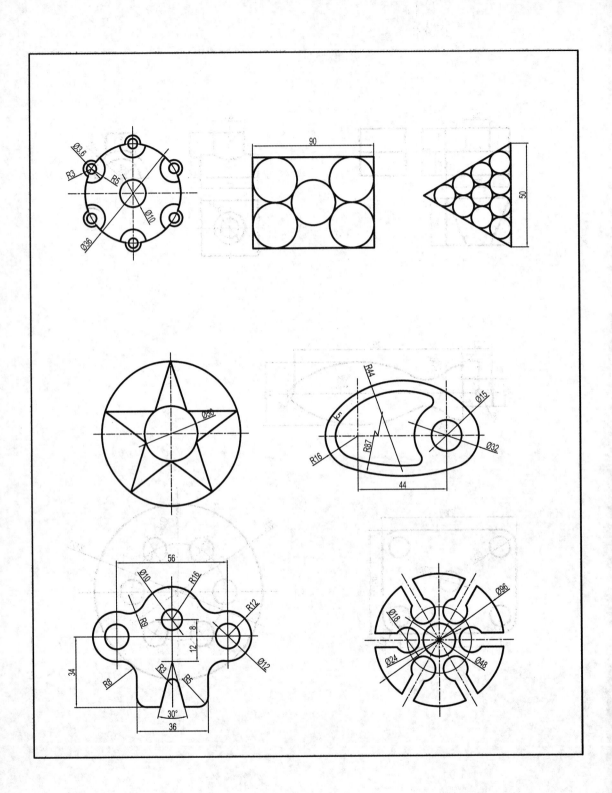

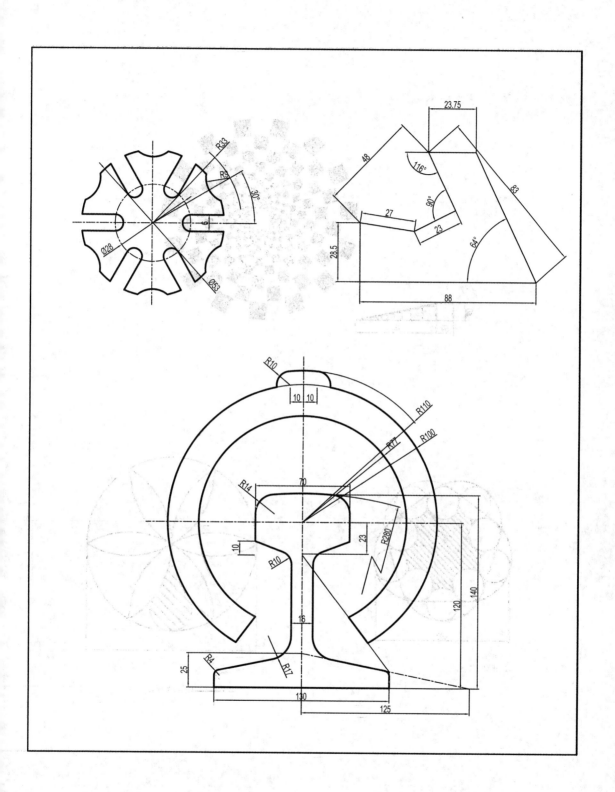

根据已知条件绘制如图
所示的旋转图形。

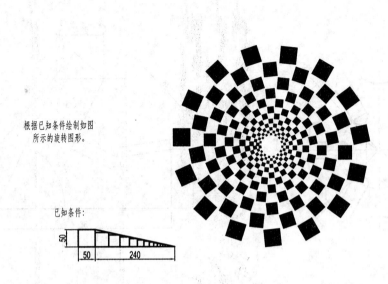

已知条件：

50

50 240

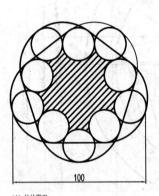

100

(1) 抄绘图形。
(2) 计算阴影部分面积。

84

计算阴影部分周长。

110
120

R14

抄绘图形

Ø30的圆圆心坐标为（0,0）。将其缩放5次，每次缩放系数均为1.1，最大圆与60°斜线交点坐标是什么？

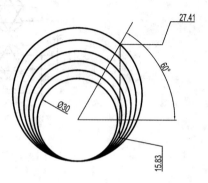

27.41

60°

Ø30

15.83

抄绘

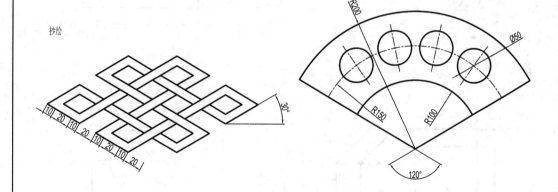

10 20 10 20 10 20 10 20

30°

R200

Ø50

R150

R100

120°

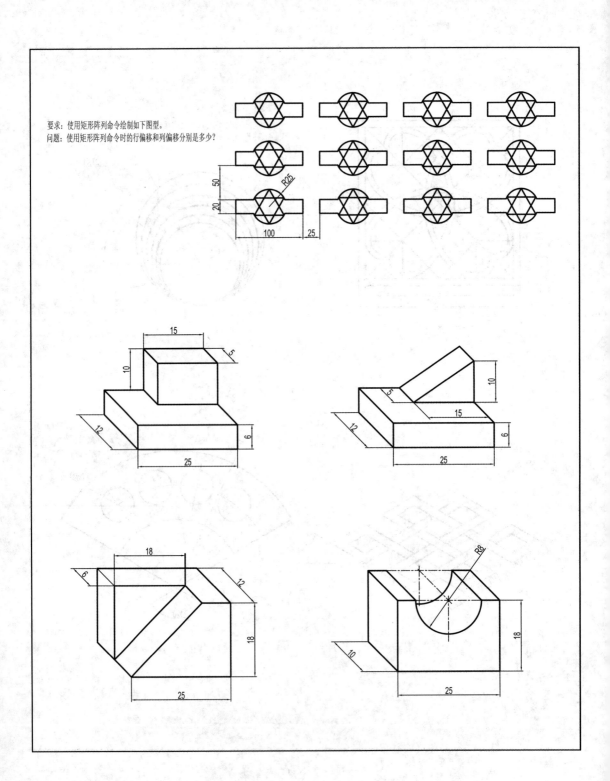

要求：使用矩形阵列命令绘制如下图型。
问题：使用矩形阵列命令时的行偏移和列偏移分别是多少？

CAD 技能考试样题

CAD技能一级(计算机绘图师)考试样题—(土木与建筑类)

试题要求

(1) 建立一个以考生姓名为文件夹名的文件夹,并将试题作图结果保存在该文件夹中。

(2) 本试卷共4题,分别以试题1、"试题2"、"试题3"、"试题4"命名并保存在上述文件夹中。

试题部分

(1) 绘图环境设置。(15分)

要求:

① 按1:1的比例绘制A3图纸幅面、图框、标题栏(按试卷中所给尺寸,并填写相应的文字内容;

② 按国家房屋建筑制图的有关标准设置相应图层、线型、线宽、文字和尺寸样式,将某保存为样板图文件

(2) 调用试题(1)样板图,按1:3的比例绘制洗手盆平面图并绘制在A3图纸上,并标注尺寸。(20分)

(3) 调用试题(1)样板图,抄绘辅助木形基础正面投影和水平投影图,求画1-1剖面图(基础材料为钢筋混凝土)。(30分)

说明: 以上图形均按标注尺寸,绘图比例为1:25。

(4) 调用试题(1)样板图,将所示"一层平面图"按1:100的比例绘制在A3图纸上(平面图中暑墙细部尺寸可参考"MQ-1详图")。(35分)

标题栏样式

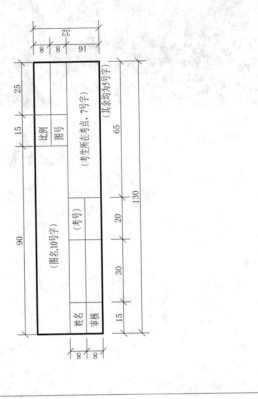

洗手盆

洗手盆平面图 1:5

CAD技能一级(计算机绘图师)考试样题二(土木与建筑类)

助式杯形基础

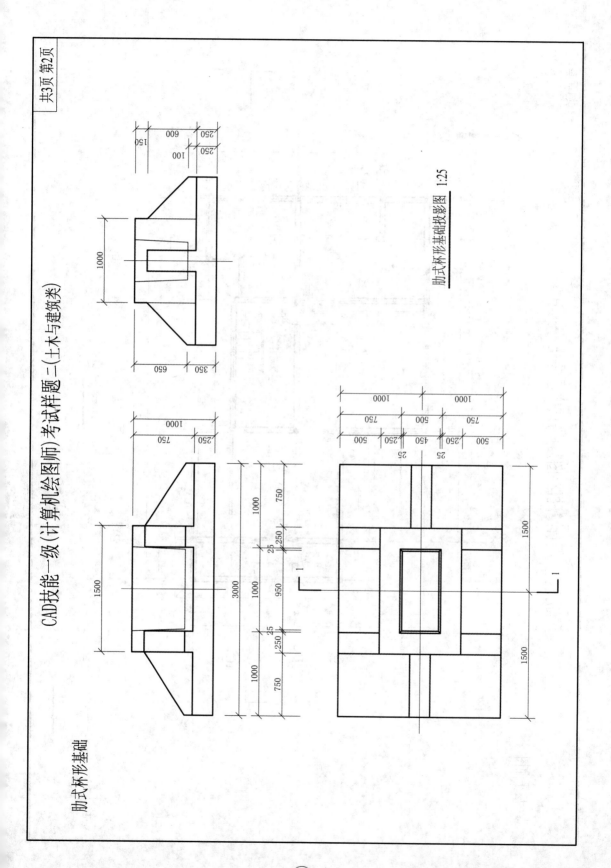

助式杯形基础投影图 1:25

CAD技能一级（计算机绘图师）考试样题三（土木与建筑类）

一层平面图

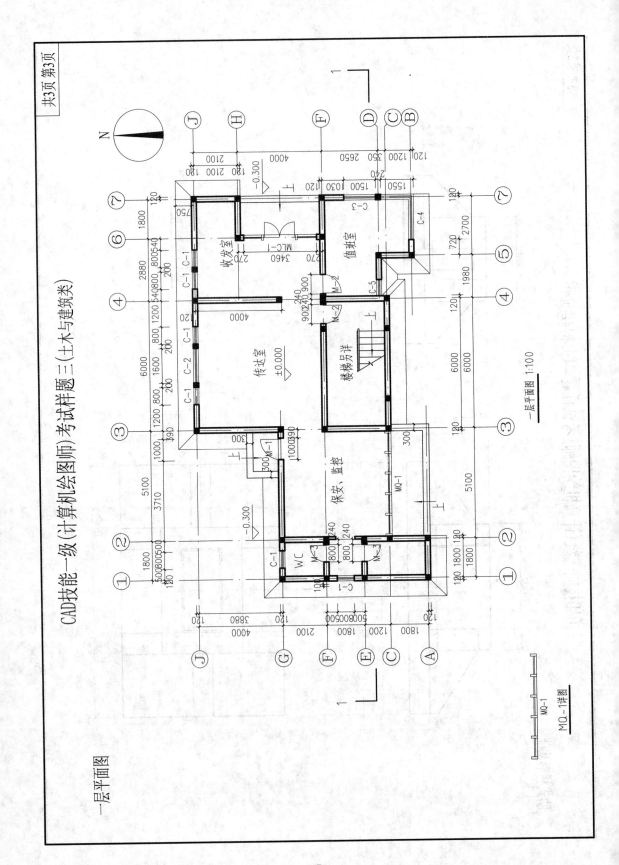

一层平面图 1:100

MQ-1详图

附 录 C

CAD 技能等级考试试题

CAD技能一级（计算机绘图师）考试试题—（土木与建筑类）

试卷说明

(1) 考试方式：计算机操作，闭卷。

(2) 考试时间为180分钟。

(3) 打开绘图软件后，考生在指定位置建立一个新文件，并以考生姓名给文件命名（例如：08001王红.dwg）。考生所做试题全部存在该文件中。

试题部分

(1) 绘制图幅.(15分)

要求：①按以下规定设置图层及线型：

图层名称	颜色（颜色号）	线型	线宽
粗实线	白 (7)	Continuous	0.6
中实线	蓝 (7)	Continuous	0.3
细实线	绿 (3)	Continuous	0.15
虚线	黄 (2)	Dashed	0.3
点画线	红 (1)	Center	0.15

②按1:1的比例绘制A2幅面（594×420，横放，在A2图纸幅面内用细实线划分出左侧一个A3幅面（420×297，右侧上下两个A4幅面（297×210）如下图所示。

左侧的A3幅面图画面图框及标题栏用于绘制试题②。右上方的A4幅面只图图框（不画标题栏），用于绘制试题③，右下方的A4幅面图画图框及标题栏，用于绘制试题④。

要求：绘制文字样式，标题栏格式及尺寸见所给式样。

(2)设置文字样式，在标题栏内填写文字（不标注标题栏尺寸）。

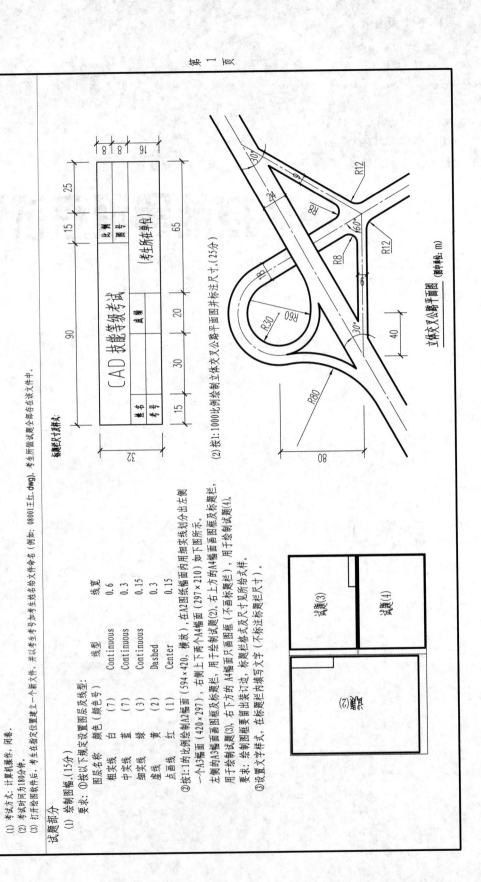

标题栏尺寸及样式：

(2)按1:1000比例绘制立体交叉公路平面图并标注尺寸.(25分)

立体交叉公路平面图
（图中单位：m）

(3) 按1:1的比例抄绘组合体的两视图（不标尺寸），在侧面投影（W面投影）的位置完成1-1剖面图（不标尺寸），断面部分填充混凝土材料符号。（20分）

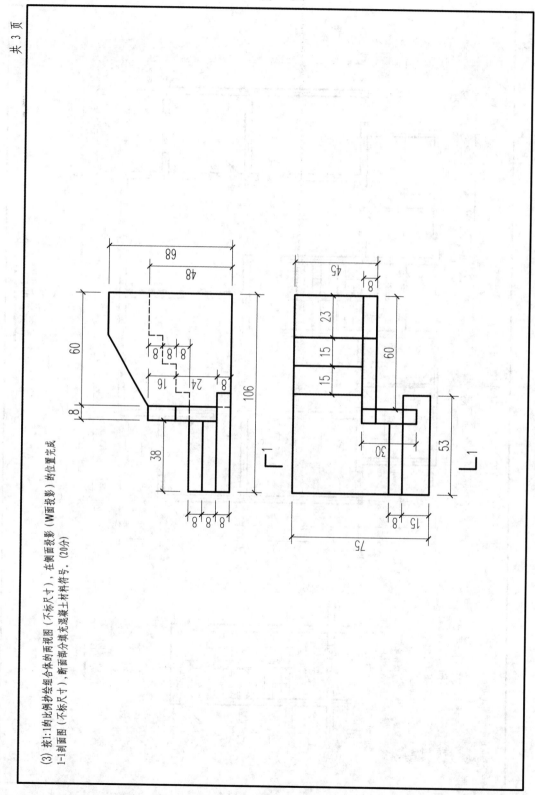

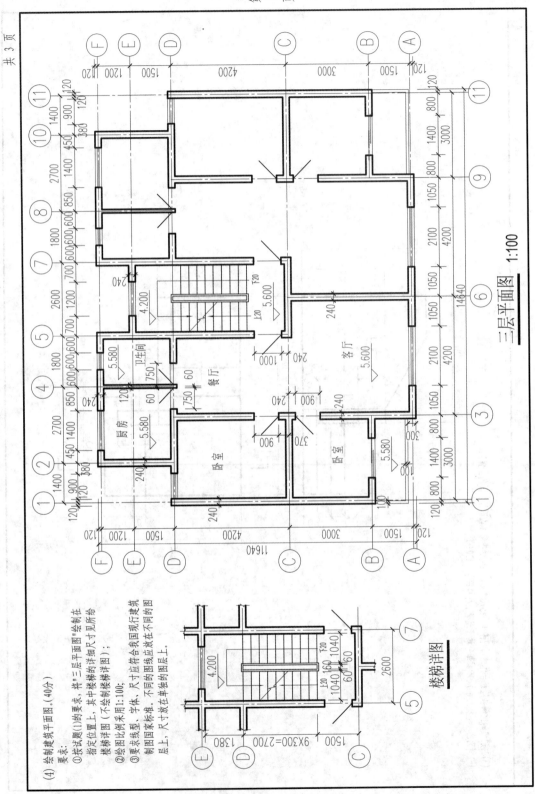

三层平面图 1:100

楼梯详图

(4) 绘制建筑平面图。(40分)

要求:

①按试题(1)的要求,将"三层平面"绘制在
指定位置上,其中楼梯的详细尺寸见所给
楼梯详图(不绘制楼梯详图);

②绘图比例采用1:100;

③要求线型、字体、尺寸应符合我国现行建筑
制图国家标准。不同的图线应放在不同的图
层上,尺寸放在单独的图层上。

CAD技能等级考试一级试题二（土木与建类）

共 3 页

试卷说明

(1) 考试方式：计算机操作，闭卷。

(2) 考试时间为180分钟，试卷总分为100分。

(3) 打开绘图软件，考生在指定位置建立一个新文件，并以考生考号加考生姓名给文件命名（例如：09001王红.dwg）。考生所做试题全部存在该文件中。

试题部分

(1) 绘制图幅。(15分)

① 按以下规定设置图层及线型：

图层名称	颜色	线型	线宽
粗实线	白 (7)	Continuous	0.6
中实线	白 (5)	Continuous	0.3
细实线	白 (3)	Continuous	0.15
虚线	白 (2)	Dashed	0.3
点画线	白 (1)	Center	0.15

② 按1:1的比例绘制上下两个A3图幅。上面的用于绘制试题(2)，下面的用于绘制试题(3)，如右图所示。

试题(3)：下面的要绘制图幅，填写试题，绘制表格绘制图框，设置标题栏，设置文字样式，在标题栏内填写文字。标题栏二寸及格式见后所示样。

要求：应按国家标准绘制图幅，图框。图框，标注，设置文字样式，在标题栏内填写文字。标题栏二寸及格式见后所示样。

标题栏二寸及格式：

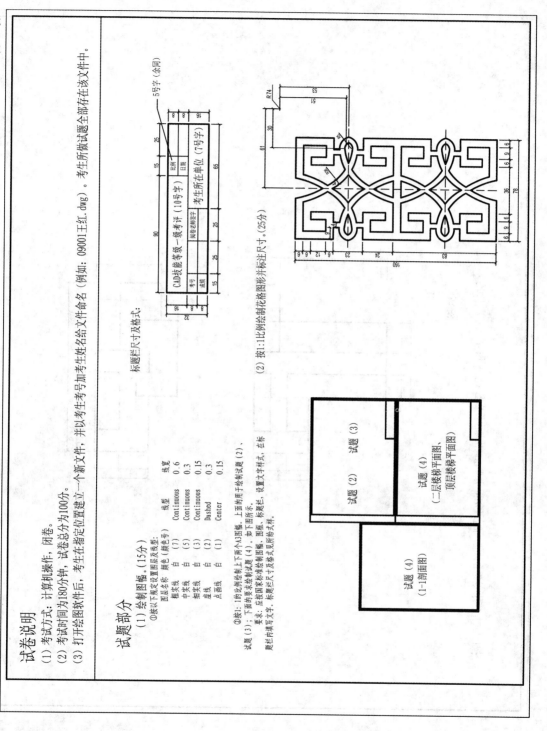

(2) 按1:1比例绘制花格图形并标注尺寸。(25分)

试题 (2)	试题 (4) (1-1剖面图)
试题 (3)	
试题 (4) (二层楼梯平面图，顶层楼梯平面图)	

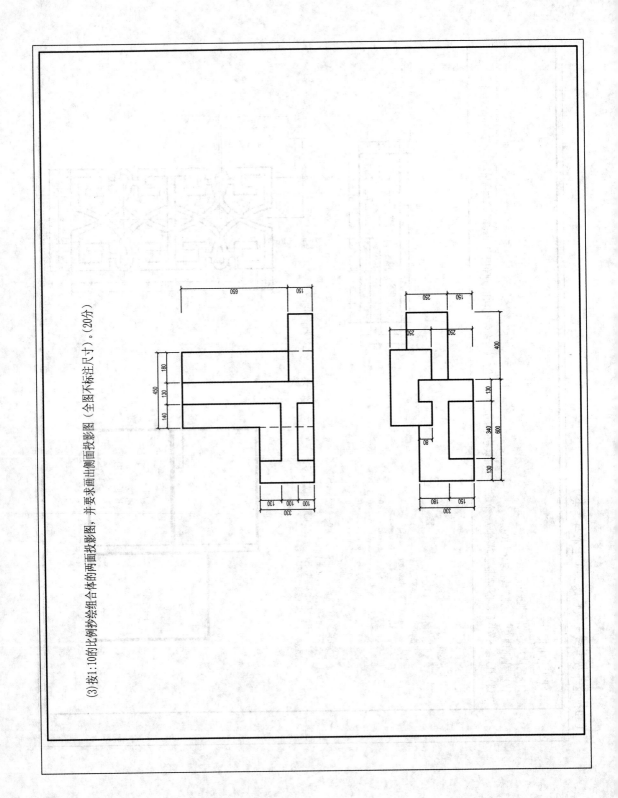

(3) 按1:10的比例抄绘组合体的两面投影图，并要求画出侧面投影图（全图不标注尺寸）。(20分)

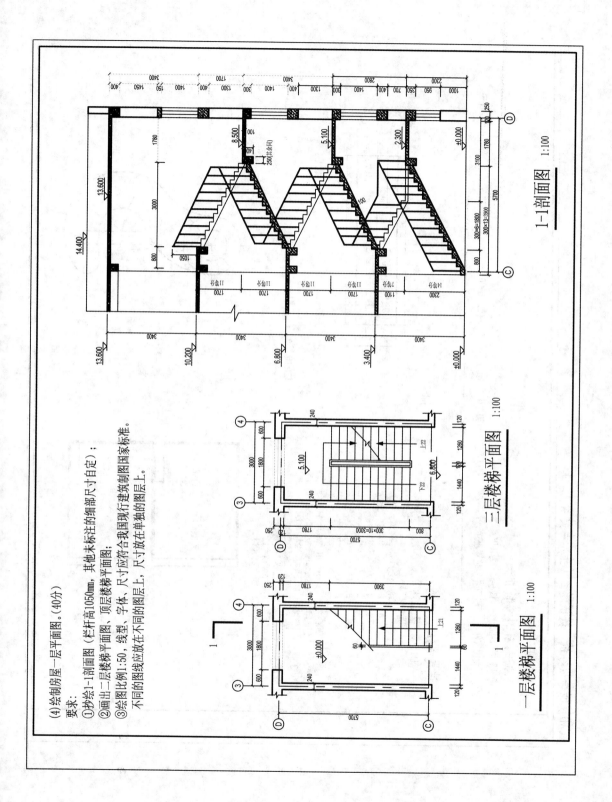

(4)绘制房屋一层平面图。(40分)

要求:

①抄绘1-1剖面图(栏杆高1050mm,其他未标注的细部尺寸自定);

②画出二层楼梯平面图、顶层楼梯平面图;

③绘图比例1:50,线型、字体,尺寸应符合我国现行建筑制图国家标准。不同的图线应放在不同的图层上,尺寸放在单独的图层上。

1-1剖面图 1:100

三层楼梯平面图 1:100

一层楼梯平面图 1:100

CAD技能等级考试一级试题三（土木与建筑类）

试卷说明

(1) 考试方式：计算机操作，闭卷。

(2) 考试时间为180分钟，试卷总分为100分。

(3) 打开绘图软件后，考生在指定位置建立一个新文件，并以考生姓名给文件命名（例如：09001王红.dwg）。考生所做试题全部存在该文件中。

试题部分

(1) 绘制图幅。(15分)

①按以下规定设置图层及线型：

图层名称	颜色（颜色号）	线型	线宽
粗实线	白 (7)	Continuous	0.6
中实线	白 (5)	Continuous	0.3
细实线	白 (3)	Continuous	0.15
虚线	白 (3)	Dashed	0.3
点画线	白 (1)	Center	0.15

②按1:1的比例绘制A3幅面，分别在这两个A3幅面上绘制图框、标题栏、上面的用于绘制试题（3）；下面的用于绘制试题（4）。如下图所示。

填划分出上下两个A3幅面（594×420，竖表），在A1幅面内用细实线划出这两个A3幅面

事表：应按国家标准绘制图框、图框、标题栏。设置文字样式，在标题栏内填写文字样式，在

③设置文字样式，标题栏内填写文字，在标题栏内填写文字"图号"一栏上方图幅注写"I"，下方图幅注写"2"；不标注标题栏尺寸。

标题栏尺寸及格式：

CAD技能等级一级考评					
考号		国卷老师签字	考生所在单位（7号字）		
成绩					

(2) 按1:1比例绘制剖平面图并标注尺寸。(25分)

试题 (2)

试题 (3)

试题 (4)

(3) 按1:20比例抄绘组合体的正面投影，并将侧面改画为1-1剖面图（断面填充混凝土材料符号，全图不标注尺寸）。（20分）

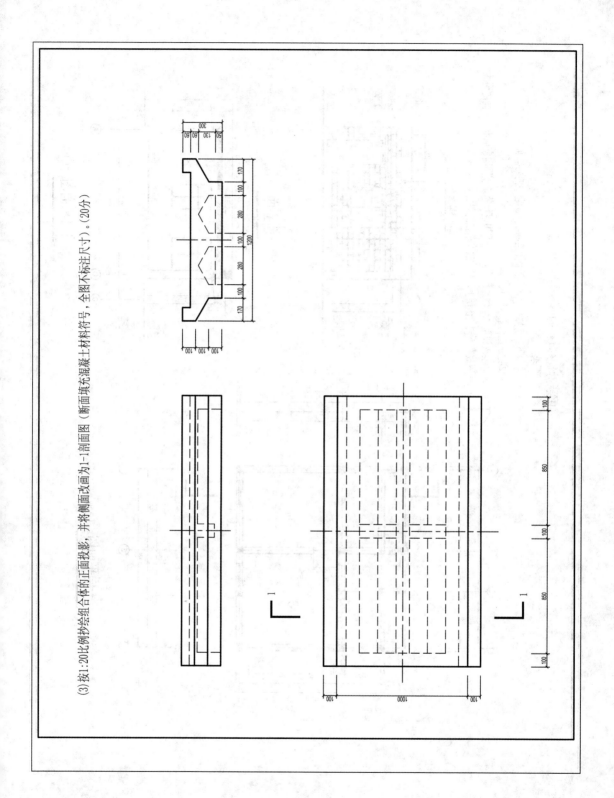

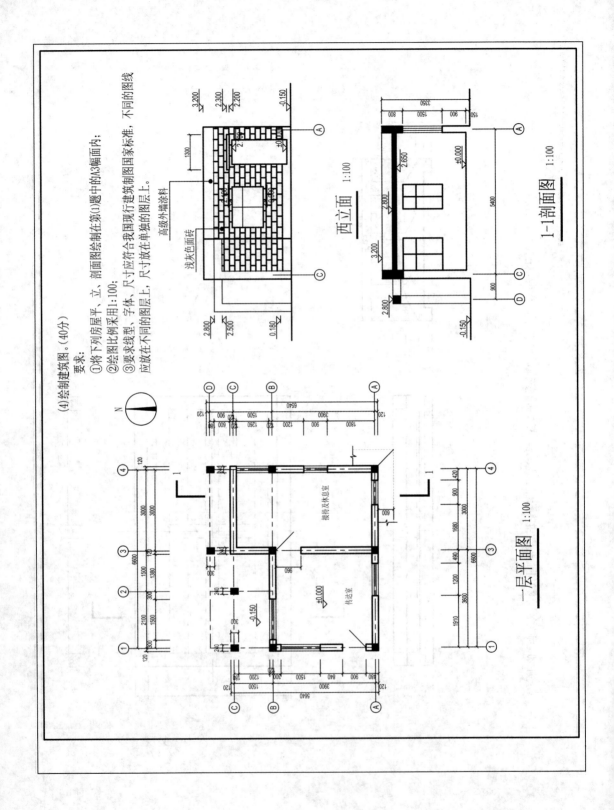

(4)绘制建筑图。(40分)

要求：

①将下列房屋平、立、剖面图绘制在第(1)题中的A3幅面内；

②绘图比例采用1:100；

③要求线型、字体、尺寸应符合我国现行建筑制图国家标准，不同的图线应放在不同的图层上，尺寸放在单独的图层上。

西立面 1:100

1-1剖面图 1:100

一层平面图 1:100

接待及休息室

传达室

高级外墙涂料

浅灰色面砖

266

CAD技能等级考试一级试题四（土木与建类）

试卷说明

(1) 考试方式：计算机操作，闭卷。

(2) 考试时间为180分钟，试卷总分为100分。

(3) 打开绘图软件后，考生在指定位置建立一个新文件，并以考生考号加考生姓名给文件命名（例如：09001王红.dwg）。考生所做试题全部存在该文件中。

试题部分

(1) 绘制图幅。(15分)

① 按以下规定设置图层及线型：

图层名称	颜色（颜色号）	线型	线宽
粗实线	白 (7)	Continuous	0.6
中实线	白 (5)	Continuous	0.6
细实线	白 (3)	Continuous	0.6
虚线	白 (2)	Dashed	0.6
点画线	白 (1)	Center	0.6

② 按1:1的比例绘制试题（4），如下图所示。上面的用于绘制试题（2）、试题

(3)：下面的要求绘制试题（4）。上面的用于绘制试题图框，图框以外，在标题栏内填写文字。标题栏及文字样式、设置文字样式、设置及绘图样式。

要求：应按国家标准绘制图框、图框，标题栏，标题，在标题栏内填写文字。标题栏尺寸及格式见附录所绘样图。

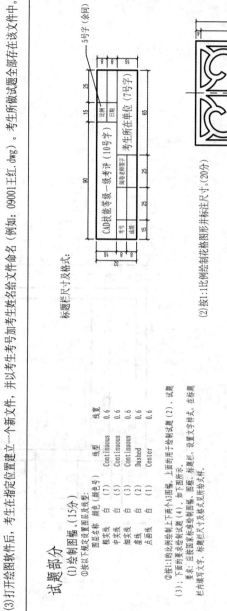

标题栏尺寸及格式：

CAD技能等级一级考评（10号字）		
考号		考生所在单位（7号字）
成绩	阅卷老师签字	

比例
日期

5号字（余同）

(2) 按1:1比例绘制花格图形并标注尺寸。(20分)

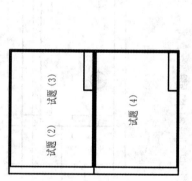

（3）抄绘组合体的三面投影图，并求画1-1剖面图和2-2剖面图。（比例1:1，材料为普通砖，全图不标注尺寸）。（25分）

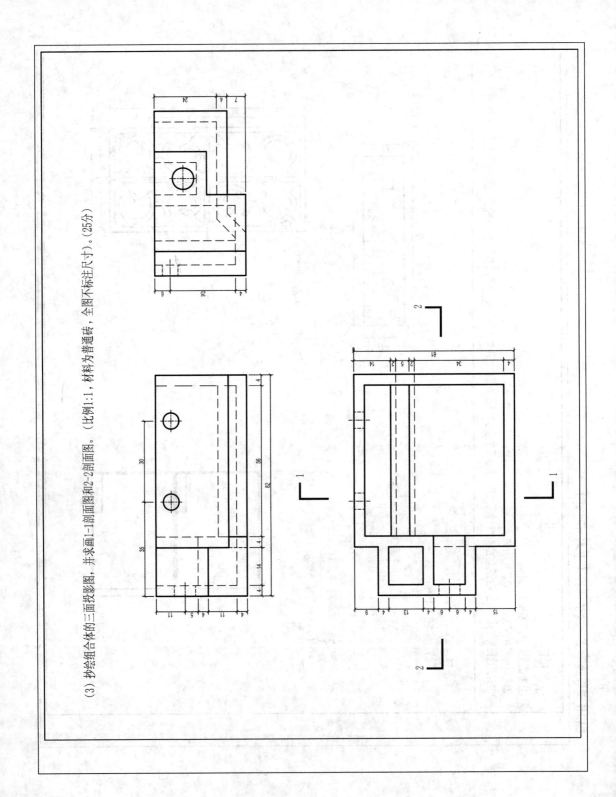

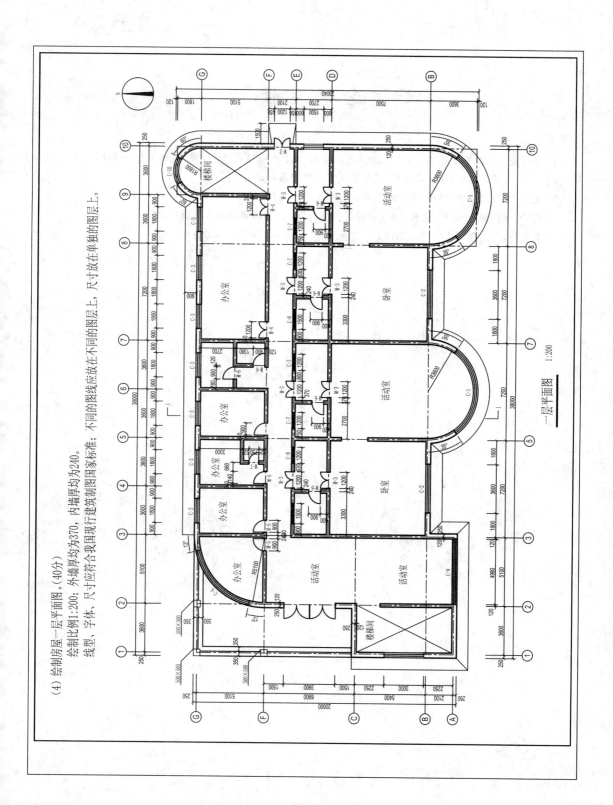

（4）绘制房屋一层平面图。（40分）

绘制比例1:200；外墙厚均为370，内墙厚均为240。

线型、字体、尺寸应符合我国现行建筑制图国家标准；不同的图线应放在不同的图层上，尺寸放在单独的图层上。

一层平面图　1:200

参考文献

[1] 杨月英,於辉.中文版 AutoCAD 2008 建筑绘图(含上机指导)[M].北京:机械工业出版社,2011.

[2] 刘吉新.建筑 CAD[M].哈尔滨:哈尔滨工业大学出版社,2012.

[3] 吴莉莹.建筑工程 CAD[M].北京:中国建材工业出版社,2013.

[4] 邱玲,张振华,于淑莉.建筑 CAD 基础教程[M].北京:中国建材工业出版社,2013.

[5] 吴银柱,吴丽萍.土建工程 CAD[M].3 版.北京:高等教育出版社,2013.